防范化解
安全生产领域重大风险

黄毅◎主编

国家行政学院出版社
NATIONAL ACADEMY OF GOVERNANCE PRESS

·北京·

图书在版编目（CIP）数据

防范化解安全生产领域重大风险 / 黄毅主编 .—北京：
国家行政学院出版社，2021.7（2023.3重印）
（防范化解重大风险丛书）
ISBN 978-7-5150-2546-9

Ⅰ.①防… Ⅱ.①黄… Ⅲ.①安全生产–风险管理–
学习参考资料 Ⅳ.①X93

中国国家版本馆 CIP 数据核字（2023）第 016526 号

书　　名	防范化解安全生产领域重大风险
	FANGFAN HUAJIE ANQUAN SHENGCHAN LINGYU ZHONGDA FENGXIAN
作　　者	黄　毅　主编
责任编辑	王　莹　谢　伦
出版发行	国家行政学院出版社
	（北京市海淀区长春桥路 6 号　100089）
综 合 办	（010）68928903
发 行 部	（010）68922366　68928870
经　　销	新华书店
印　　刷	北京中科印刷有限公司
版　　次	2021 年 7 月北京第 1 版
印　　次	2023 年 3 月北京第 3 次印刷
开　　本	170 毫米×240 毫米　16 开
印　　张	15.5
字　　数	201 千字
定　　价	56.00 元

本书如有印装问题，可联系调换，联系电话：（010）68929022

《防范化解重大风险丛书》编委会

主　任：李　季

成　员（以姓氏笔画排序）：

马宝成　　尹光辉　　闪淳昌

刘　钊　　刘铁民　　刘跃进

杜正艾　　杨永斌　　陆小华

夏诚华　　高小平　　曾　光

薛　澜

本书编写委员会

主　　编：黄　毅

副 主 编：贺佑国　　刘文革　　林永明
　　　　　刘　璐

编写人员：代海军　　袁广玉　　吴远巍
　　　　　杨　壮　　胡雪坤

要深刻认识安全生产工作的艰巨性、复杂性、紧迫性，坚持以人为本、生命至上，全面抓好安全生产责任制和管理、防范、监督、检查、奖惩措施的落实。

——习近平

坚持底线思维，
着力防范化解重大风险*

习近平

2019年1月21日

坚持以新时代中国特色社会主义思想为指导，全面贯彻落实党的十九大和十九届二中、三中全会精神，深刻认识和准确把握外部环境的深刻变化和我国改革发展稳定面临的新情况新问题新挑战，坚持底线思维，增强忧患意识，提高防控能力，着力防范化解重大风险，保持经济持续健康发展和社会大局稳定，为决胜全面建成小康社会、夺取新时代中国特色社会主义伟大胜利、实现中华民族伟大复兴的中国梦提供坚强保障。

当前，我国形势总体上是好的，党中央领导坚强有力，全党"四个意识""四个自信""两个维护"显著增强，意识形态领域态势积极健康向上，经济保持着稳中求进的态势，全国各族人民同心同德、斗志昂扬，社会大局保持稳定。

面对波谲云诡的国际形势、复杂敏感的周边环境、艰巨繁重的改革发展稳定任务，我们必须始终保持高度警惕，既要高度警惕"黑天鹅"事件，也要防范"灰犀牛"事件；既要有防范风险的先手，也要有应对和化解风险挑战的高招；既要打好

---

* 这是习近平在省部级主要领导干部坚持底线思维着力防范化解重大风险专题研讨班开班式上的讲话要点。《习近平谈治国理政》第3卷，外文出版社2020年版，第219页。

防范和抵御风险的有准备之战，也要打好化险为夷、转危为机的战略主动战。

各级党委和政府要坚决贯彻总体国家安全观，落实党中央关于维护政治安全的各项要求，确保我国政治安全。要持续巩固壮大主流舆论强势，加大舆论引导力度，加快建立网络综合治理体系，推进依法治网。要高度重视对青年一代的思想政治工作，完善思想政治工作体系，不断创新思想政治工作内容和形式，教育引导广大青年形成正确的世界观、人生观、价值观，增强中国特色社会主义道路、理论、制度、文化自信，确保青年一代成为社会主义建设者和接班人。

当前我国经济形势总体是好的，但经济发展面临的国际环境和国内条件都在发生深刻而复杂的变化，推进供给侧结构性改革过程中不可避免会遇到一些困难和挑战，经济运行稳中有变、变中有忧，我们既要保持战略定力，推动我国经济发展沿着正确方向前进；又要增强忧患意识，未雨绸缪，精准研判、妥善应对经济领域可能出现的重大风险。各地区各部门要平衡好稳增长和防风险的关系，把握好节奏和力度。要稳妥实施房地产市场平稳健康发展长效机制方案。要加强市场心理分析，做好政策出台对金融市场影响的评估，善于引导预期。要加强市场监测，加强监管协调，及时消除隐患。要切实解决中小微企业融资难融资贵问题，加大援企稳岗力度，落实好就业优先政策。要加大力度妥善处理"僵尸企业"处置中启动难、实施难、人员安置难等问题，加快推动市场出清，释放大量沉淀资源。各地区各部门要采取有效措施，做好稳就业、稳金融、稳外贸、稳外资、稳投资、稳预期工作，保持经济运行在合理区间。

科技领域安全是国家安全的重要组成部分。要加强体系建设和能力建设，完善国家创新体系，解决资源配置重复、科研力量分散、创新主体功能定位不清晰等突出问题，提高创新体系整体效能。要加快补短板，建立自主创新的制度机制优势。要加强重大创新领域战略研判和前瞻部署，抓紧布局国家实验室，重组国家重点实验室体系，建设重大创新基地和创新平台，完善产学研协同创新机制。要强化事关国家安全和经济社会发展全局的重大科技任务的统筹组织，强化国家战略科技力量建设。要加快科技安全预警监测体系建设，围绕人工智能、基因编辑、医疗诊断、自动驾驶、无人机、服务机器人等领域，加快推进相关立法工作。

维护社会大局稳定，要切实落实保安全、护稳定各项措施，下大气力解决好人民群众切身利益问题，全面做好就业、教育、社会保障、医药卫生、食品安全、安全生产、社会治安、住房市场调控等各方面工作，不断增加人民群众获得感、幸福感、安全感。要坚持保障合法权益和打击违法犯罪两手都要硬、都要快。对涉众型经济案件受损群体，要坚持把防范打击犯罪同化解风险、维护稳定统筹起来，做好控赃控人、资产返还、教育疏导等工作。要继续推进扫黑除恶专项斗争，紧盯涉黑涉恶重大案件、黑恶势力经济基础、背后"关系网"、"保护伞"不放，在打防并举、标本兼治上下功夫。要创新完善立体化、信息化社会治安防控体系，保持对刑事犯罪的高压震慑态势，增强人民群众安全感。要推进社会治理现代化，坚持和发展"枫桥经验"，健全平安建设社会协同机制，从源头上提升维护社会稳定能力和水平。

当前，世界大变局加速深刻演变，全球动荡源和风险点增多，我国外部环境复杂严峻。我们要统筹国内国际两个大局、发展安全两件大事，既聚焦重点、又统揽全局，有效防范各类风险连锁联动。要加强海外利益保护，确保海外重大项目和人员机构安全。要完善共建"一带一路"安全保障体系，坚决维护主权、安全、发展利益，为我国改革发展稳定营造良好外部环境。

党的十八大以来，我们以自我革命精神推进全面从严治党，清除了党内存在的严重隐患，成效是显著的，但这并不意味着我们就可以高枕无忧了。党面临的长期执政考验、改革开放考验、市场经济考验、外部环境考验具有长期性和复杂性，党面临的精神懈怠危险、能力不足危险、脱离群众危险、消极腐败危险具有尖锐性和严峻性，这是根据实际情况作出的大判断。全党要增强"四个意识"、坚定"四个自信"、做到"两个维护"，自觉在思想上政治上行动上同党中央保持高度一致，自觉维护党的团结统一，严守党的政治纪律和政治规矩，始终保持同人民的血肉联系。中华民族正处在伟大复兴的关键时期，我们的改革发展正处在克难攻坚、闯关夺隘的重要阶段，迫切需要锐意进取、奋发有为、关键时顶得住的干部。党的十八大以来，我们取得了反腐败斗争压倒性胜利，但反腐败斗争还没有取得彻底胜利。反腐败斗争形势依然严峻复杂，零容忍的决心丝毫不能动摇，打击腐败的力度丝毫不能削减，必须以永远在路上的坚韧和执着，坚决打好反腐败斗争攻坚战、持久战。

防范化解重大风险，是各级党委、政府和领导干部的政治职责，大家要坚持守土有责、守土尽责，把防范化解重大风险工作做实做细做好。要强化风险意识，常观大势、常思大局，科学预见形势发展走势和隐藏其中的风险挑战，做到未雨绸缪。

要提高风险化解能力，透过复杂现象把握本质，抓住要害、找准原因，果断决策，善于引导群众、组织群众，善于整合各方力量、科学排兵布阵，有效予以处理。领导干部要加强理论修养，深入学习马克思主义基本理论，学懂弄通做实新时代中国特色社会主义思想，掌握贯穿其中的辩证唯物主义的世界观和方法论，提高战略思维、历史思维、辩证思维、创新思维、法治思维、底线思维能力，善于从纷繁复杂的矛盾中把握规律，不断积累经验、增长才干。要完善风险防控机制，建立健全风险研判机制、决策风险评估机制、风险防控协同机制、风险防控责任机制，主动加强协调配合，坚持一级抓一级、层层抓落实。

防范化解重大风险，需要有充沛顽强的斗争精神。领导干部要敢于担当、敢于斗争，保持斗争精神、增强斗争本领，年轻干部要到重大斗争中去真刀真枪干。各级领导班子和领导干部要加强斗争历练，增强斗争本领，永葆斗争精神，以"踏平坎坷成大道，斗罢艰险又出发"的顽强意志，应对好每一场重大风险挑战，切实把改革发展稳定各项工作做实做好。

目 录

前　言 ·· 1

第一章　安全生产治理新战略　1

第一节　牢固树立安全发展理念 ·· 1

第二节　安全生产治理新形势 ·· 10

第三节　安全生产治理新格局 ·· 20

第二章　重点领域安全生产新要求　28

第一节　煤矿安全生产工作 ·· 28

第二节　非煤矿山安全生产工作 ··· 33

第三节　化工及危险化学品领域安全生产工作 ························· 38

第四节　交通运输领域安全生产工作 ······································ 42

第五节　建筑施工领域安全生产工作 ······································ 49

第六节　消防安全领域安全生产工作 ······································ 53

第三章　强化落实安全生产责任　　58

第一节　党委政府安全生产领导责任…………………………58
第二节　政府相关部门安全生产监管责任……………………66
第三节　企业安全生产主体责任………………………………74
第四节　强化落实安全生产责任的考核和问责………………80

第四章　建立完善安全生产法治秩序　　82

第一节　安全生产法治建设理论基础…………………………82
第二节　安全生产法治建设现状………………………………83
第三节　安全生产法治建设实践………………………………90
第四节　实现安全生产法治化的思路与对策…………………96

第五章　改革完善安全监管监察体制　　104

第一节　安全监管体制改革理论基础………………………104
第二节　安全监管体制改革实践探索………………………122
第三节　改革完善我国安全监管监察体制的建议……………132

第六章　构建双重预防性工作机制　　146

第一节　构建双重预防机制工作的背景……………………146
第二节　构建双重预防机制的理论基础……………………149
第三节　构建双重预防机制的经验与实践…………………160

第七章　加强安全基础保障能力建设　　169

第一节　加强安全监管执法能力建设………………………169

第二节 强化安全科技创新与应用 …………………… 173
第三节 健全安全生产社会化服务体系 ………………… 175
第四节 加强安全文化建设 ……………………………… 182

第八章 安全生产应急管理 199

第一节 生产安全事故应急准备 ………………………… 199
第二节 生产安全事故应急预警与处置 ………………… 206
第三节 事故调查与评估机制 …………………………… 210

参考文献 ……………………………………………………… 220

前　言

党的十八大以来，以习近平同志为核心的党中央高度重视安全生产，把安全生产作为民生大事，纳入"五位一体"总体布局和"四个全面"战略布局统筹推进。习近平总书记先后在中央政治局常委会议和集体学习时，对安全生产工作做出重要讲话，反复强调各级党委、政府要牢固树立安全发展理念，强化红线意识，实施安全发展战略，以防范和遏制重特大事故为重点，坚持标本兼治、综合治理、系统建设，统筹推进安全生产领域改革发展。各级党委和政府认真贯彻落实党中央关于加快安全生产领域改革发展的工作部署，坚持党政同责、一岗双责、齐抓共管、失职追责，严格落实安全生产责任制，完善安全监管体制，强化依法治理，不断提高全社会安全生产水平，更好地维护广大人民群众生命财产安全。

党的十九大以来，习近平总书记针对新时代安全生产工作面临的新形势、新任务、新挑战、新机遇，强调要"树立安全发展理念，弘扬生命至上、安全第一的思想，健全公共安全体系，完善安全生产责任制，坚决遏制重特大安全事故，提升防灾减灾救灾能力"。这是以习近平同志为核心的党中央对新时代安全生产工作的新部署，是当前和今后一个时期安全生产领域的根本任务，集中体现了我们党全心全意为人民服务的根本宗旨和以人民为中心的发展理念，为做好安全生产工作指明了方向。安全发展是认识和解决安全生产理论与实际问题的世界观、方法论，也可以说是一个总开关、总枢纽。它既决定着安全生产的发展方向，又为安全生产工作提供了科学的思想方法和重要的指导原则。

在党中央、国务院的坚强领导下，各地区、各部门和各单位齐心协力、开拓进取，推动安全生产事业不断发展进步，全国安全生产形势呈现持续稳定好转的发展态势。但是，我国仍处于并将长期处于社会主义初级阶段，处于工业化、城镇化和现代化快速推进时期，处于生产安全事故易发时期，事故总量依然较大，重特大事故时有发生，制约和影响安全生产的深层次矛盾和问题依然存在，安全生产工作任重道远。

安全发展理念和安全发展战略的提出，源于我们对工业化进程中发展规律的认识和把握，源于我们对生命价值的重新认知和敬畏，源于我们对以人民为中心发展理念的深刻理解。随着我国安全生产事业的不断发展，严守安全底线、严格依法监管、保障人民权益、生命安全至上已成为全社会的共识。在新时代安全生产工作中，我们要从多个方面转变治理重点，更好地适应我国安全生产领域的新格局，实现安全生产与经济社会同步发展。

做好安全生产工作，必须从以治标为主向标本兼治、重在治本转变。当前我国安全生产形势虽有很大改善，但历史遗留问题与现实挑战交织在一起，突发性、复杂性问题仍然突出，对突发事件的把握性、可控性仍然不强，特别是重特大事故多发势头仍未得到有效遏制，主要原因就在于安全基础总体薄弱。要在毫不放松抓好隐患治理、应急处置、调查处理等治标工作的同时，高度重视并坚持不懈地推进治本工作，不断夯实安全基础，提升全民安全素质，推进安全科技进步，强化安全风险防控，加快构建全方位、立体化安全生产网。

做好安全生产工作，必须从事后调查处理向事前预防、源头治理转变。把事故消灭在发生之前、最大限度地保护人民的生命和健康，是安全发展理念的必然要求。要把安全生产工作的着力点更多地放到事前预防和源头治理上，严格安全生产市场准入，把安全生产贯穿到城乡规划建设和企业生产经营全过程，全面排查管控安全风险，深化事故隐患排查治理，严防风险演变、隐患升级导致生产安全事故发生，不断增强安全生产工作主动权。

做好安全生产工作，必须从以行政手段为主向依法治理转变。当前安全生产工作仍然主要依靠审批、核准、检查、督查等行政手段，与全面依法治国、全面依法行政的要求不相适应。要在继续强化必要行政手段的同时，大力弘扬法治精神，加强安全监管执法队伍建设，完善安全生产法律法规标准体系，严格规范执法，全面提高安全生产法治化水平，更多运用法治思维和法治方式研究解决安全生产问题。

做好安全生产工作，必须从单一安全监管向综合治理转变。安全生产问题不是孤立的，而是各个方面问题和各种致灾因素相互作用的结果。治理安全生产问题，必须充分发挥社会主义制度的优越性，积极调动各方面力量，综合施策、多方发力、齐抓共管。要严密层级治理和行业治理、政府治理、社会治理相结合的安全生产治理体系，综合运用法律、行政、经济、市场等手段，落实人防、技防、物防措施，实现安全生产共建共治共享。

做好安全生产工作，必须从传统监管方式向运用信息化、数字化、智能化等现代方式转变。现代信息技术的发展，给社会经济结构、生产方式和生活方式带来深刻变化。安全监管监察工作必须主动顺应发展趋势，积极运用互联网、大数据等新技术，加强安全监管监察信息化建设，强化互联互通和信息共享，深化安全生产规律性研究、关联性分析，加强对重大危险源和隐患的监测监控、预测预警，运用现代管理方式提升安全监管效能。

本书对新中国成立70多年来我国安全生产治理工作的发展历程进行了回顾和总结，并对新时期安全生产工作面临的问题与挑战提出新的治理格局。

全书共计八个章节，第一章介绍了我国安全生产治理的新理念、新战略，立足我国当前安全生产工作的新方位和新起点，阐述了党的十八大及十九大以来我国安全生产工作面临的新任务和新形势，树立了新时代安全生产工作奋斗目标，明确了安全生产工作主要举措；第二章以重点领域安全生产新要求为重点，从煤矿、非煤矿山、化工及危险化学品、交通运输、建筑施工和消防安全六个领域阐述了新时代安全生产工作的新思路、新举措；第三章主要针对强化落实安全生产责任进行论述，从党委政府、相关部门、企业三个角度阐述了安全生产责任落实的发展历程；第四章围绕建立完善安全生产法治秩序进行分析，从理论基础、建设现状、建设实践、建设的思路与对策四个方面进行论述；第五章梳理了改革完善安全监管监察体制的过程，从理论基础、实践探索、改革建议三个方面进行总结；第六章重点论述了构建双重预防性工作机制的背景、理论基础、经验与实践；第七章着重归纳了加强安全基础保障能力建设的工作内容，重点对监管执法能力建设、安全科技创新与应用、健全安全生产社会化服务体系和加强安全文化建设四个方面进行总结论述；第八章主要从应急准备、应急预警与处置、事故调查与评估三个方面对安全生产事故的应急管理进行分析论述。

为配合《中共中央、国务院关于推进安全生产领域改革发展的意见》（以下简称《意见》）的贯彻落实，中央党校（国家行政学院）组织撰写了本书，旨在使各地区、各部门、各单位和广大企业干部职工准确理解、把握《意见》的精神实质和内容要义，切实把党中央、国务院提出的目标任务转化为狠抓落实的具体行动。安全发展如同一面旗帜，高高飘扬在中国特色社会主义的康庄大道上，引导人民在安全的基础上全面建设社会主义现代化国家，夺取新时代中国特色社会主义伟大事业的新胜利。

由于编写时间仓促，所掌握的资料不够全面，以及编写人员的水平有限，书中难免有疏漏不当之处，欢迎读者朋友批评指正。

黄　毅

2021 年 5 月

第一章　安全生产治理新战略

第一节　牢固树立安全发展理念

一、安全发展理念是"生命至上、安全第一"的价值取向

安全发展的核心要义，是强调在发展过程中必须坚持以人为本，切实保障人民群众的生命安全和身体健康，促进安全生产与经济社会的协调发展。安全发展理念本身体现了对人的尊重、对生命的敬畏，折射出人性和人权的光芒。这也是我们党的根本宗旨和群众路线的本质所在。我们党自诞生之日起，就肩负起为人民谋福祉、实现中华民族伟大复兴的历史使命，我们党除了最广大人民群众的根本利益之外，没有自己的特殊利益。"不忘初心、牢记使命"，最根本的就是要始终不渝为人民谋幸福、为民族谋复兴，把人民对美好生活的向往作为我们的奋斗目标。我们党的历代中央领导集体，都以代表和维护人民利益为最高准则。毛泽东同志指出人民才是创造历史的真正动力，高呼出"人民万岁"的时代强音；邓小平同志称自己是"人民的儿子"，把人民满意不满意作为评判是非的重要标准；"三个代表"，说到底是要代表人民群众的根本利益；科学发展观，其核心立场就是以人为本；习近平新时代中国特色社会主义思想，其根本要义就是坚持以人民为中心。中国梦，归根结底就是中国人民对中华民族伟大复兴的美好梦想。

辩证唯物史观始终认为，生产力是社会历史发展的根本动力，人是生产力中最活跃的因素，人民群众是人类社会发展的决定性力量；实现人的自由全面发展，是人类社会的最高价值追求。马克思在《资本论》中明确指出，"未来新社会是以每个人的全面而自由的发展为基本原则的社会形式"。历史和实践反复证明，人民群众是我们的力量之源、胜利之本、执政之基。我们党践行全心全意为人民服务的根本宗旨，实行"一切为了群众、一切依靠群众，从群众中来，到群众中去"的群众路线，坚持以人民为中心的发展思想，说到底就是为了促进人的全面发展。党的十八大报告把"促进人的全面发展"纳入中国特色社会主义的科学内涵；党的十九大报告强调，党的一切工作必须以最广大人民根本利益为最高标准，要坚持把人民群众的小事当作自己的大事，从人民群众关心的事情做起，从让人民群众满意的事情做起，带领人民不断创造美好生活。这充分彰显出我们党对人的全面发展的高度重视。

人的全面发展的基础和前提，就是必须保证其生命安全和身体健康。人世间最宝贵的莫过于生命，生命无价，生命对每一个人只有一次，不可复得。人的一切活动和价值都以生命的存在和延续为根基，没有生命就没有一切，保护生命就是保护生产力。习近平总书记提出的"发展决不能以牺牲生命为代价"的红线观点，实质就是把保护人的生命放在高于一切的位置，任何时候、任何情况下，都要坚守这条红线。习近平总书记特别指出，人命关天，如果一次又一次在同样的问题上付出生命和血的代价，那就不是工作态度和工作作风的问题了，而是草菅人命了！这真是一针见血，入木三分。安全发展理念所体现的"生命至上、安全第一"的价值取向，正是安全生产工作的最高价值追求，也可以说是安全文化的核心价值观。坚持安全发展理念，要求我们必须树立关爱生命的情感观，树立生命至上的价值观，树立尊重生命的道德观，树立为民奉献的人生观，始终把保护人民生命安全作为我们工作的最高职责。任何时候、任何情况下，都不能拿生命开玩笑。对那些拿生命冒险的行为，要敢于站出来抵制，敢于亮剑。即使发生了事故，也必须把抢救人的生命作为头等大事，不惜任何代价，只要有一线希望，就要尽百分之百的努力，决不放弃、决不懈怠。同时，我们还要大力倡导"生命至上、安全第一"的安全文化，强化全社会的安全意识，使每一个人都懂得尊重生命、爱护生命，自觉在工作中不伤害自己、不伤害别人、不被别人伤害，真正做到高高兴兴上班、安安全全回家、健健康康退休。

树立安全发展理念，坚守生命红线，对安全生产工作来说，是最高的行为准则，是刚性的要求，是无任何附加条件的，是不可逾越的。红线就是带电的高压线，就是生命线。在红线面前人人平等，没有特权。谁触碰了红线，谁就要付出沉重的代价，就要受到严厉的制裁。在这个问题上没有调和的余地，任何姑息放纵踩踏红线的行为，都是对生命的蔑视，都是对人民的犯罪。近年来，由于踩踏红线而受到追究的领导干部不在少数，教训极其深刻。我们要通过广泛深入的宣传教育，强化各级领导班子、各级领导干部的红线意识，确立正确的人生观、价值观和政绩观。同时，还要通过完善责任体系、加大考核权重、实行"一票否决"、严格责任追究等措施，增强自觉坚守红线的能力。

树立安全发展理念，坚守生命红线，对于安全监管监察系统来说尤为重要。因为我们所从事的是拯救人的生命的工作，我们每一个人都应当做坚守红线的忠诚卫士。责任重于泰山，使命神圣而光荣。我们要带着深厚的感情抓工作，坚持命字在心、严字当头、敢抓敢管，不可有丝毫懈怠；我们要以高度的使命感和责任心抓工作，敢于担当、勇于负责，经常临事而惧，有睡不着觉、半夜惊醒的压力；我们要以求真务实、踏石留印的作风抓工作，一丝不苟，雷厉风行，决定的事情马上就办，不讲条件、不推诿扯皮、不拖拖拉拉；我们要以严肃认真的态度抓工作，严谨细致，见微知著，眼里不揉沙子，不模棱两可、不含糊其辞、不睁一只眼闭一只眼；我们要以任劳任怨、艰苦奋斗的精神抓工作，任务再重不计较，工作再累不叫苦，困难再大不退缩，利诱再多不迷惑。

二、安全发展理念是把握新时代安全生产形势的科学立场和观点

正确地认识和把握形势，是做好工作的前提。习近平总书记关于安全生产的系列重要论述，正是建立在对现阶段安全生产形势进行科学分析和总体把握的基础之上的。我们要学习习近平总书记观察形势的马克思主义科学方法，正确地分析形势，清醒地研判形势，总体地把握形势，科学地驾驭形势，促进安全生产形势持续稳定好转，加快实现根本好转。

安全发展理念所蕴含的思想方法告诉我们，看待安全生产问题，不能孤立地、片面地看，要善于从安全与发展的逻辑关系上分析，不能就安全生产讲安全生产。比如，对安全生产形势的分析估价，就不能单纯从安全生产工作自身来评判，更不能用自身工作量来检验工作成效。要从经济社会发展对安全生产工作的要求来分析，从人民群众对安全生产的新期待来考量。

一要把握安全生产的大趋势。在党和政府一系列政策措施推动下，通过全国上下十几年的艰苦努力，我国安全生产状况已经呈现总体稳定、持续好转的发展态势。安全生产形势的持续好转凝聚着全党、全社会的共同努力，尤其是各级安全监管监察人员，为此付出艰辛和心血。看到这个大趋势，可以更加坚定我们的信心。

二要清醒地看到安全生产形势依然严峻。我国安全生产工作虽然取得一定的成效，但是按照党和政府的要求，按照人民群众对美好生活的需求，仍然存在很大的差距。全国每年生产安全事故造成的伤亡

人员仍然很多，直接经济损失仍然很大。重特大事故还没有得到有效遏制，职业危害相当严重，职业病依然多发、高发，安全生产相对指标与发达国家甚至中等发达国家相比，还有一定的差距。所以，不要轻言好转，更不能盲目乐观，安全生产这根弦始终不能放松，放松了就会给党和人民造成不可挽回的损失。"宁防十次空，不放一次松"，切实做到警钟长鸣、警示高悬、警醒万分。正如习近平总书记教导我们的，对安全生产要有敬畏之心、戒惧之心，要有经常睡不着觉、在梦中惊醒的状态，不要幻想当"太平官"。

三要看到安全发展依然任重道远。安全生产工作只有起点，没有终点，必须一切从零开始、向零奋进。因为我们国家仍处在并将长期处在社会主义初级阶段，生产力发展不均衡不充分，安全保障能力低，各类风险和隐患随处可见、随手可抓，而日益增长的人民群众对美好生活的需要，对安全生产的期望值越来越高，对事故的容忍度越来越低，因而安全生产工作面临的压力越来越大。必须通过改革创新，通过综合治理和系统治理，坚持标本兼治、重在治本，努力构建安全生产长效机制，促进安全生产与经济社会的协调发展，不断满足人民群众对安全、健康的新期待。

我们分析制约安全生产的矛盾和问题，不能单纯从安全生产工作自身来寻找，也要从安全与发展的逻辑关系上审视。因为安全生产不是一个封闭的独立运行的体系，它渗透融合在生产经营活动之中，与经济社会的发展一体化运行。一些制约安全生产的矛盾，尤其是深层次矛盾，往往不是安全生产工作自身的问题。比如，经济发展方式问题与安全生产有着内在的必然联系。长期高投入、高消耗的粗放型经济发展方式，拉动了社会不合理需求。我们每年消耗了占世界一半的煤炭、钢材、水泥，却仅仅创造了占世界15%的GDP，由此造成能源、原材料以及交通运输等基础产业持续紧张，导致超强度开采、超能力生产、超负荷运输的现象屡禁不止，引发的各类事故时有发生；

我国的经济结构还不尽合理、不够优化，二产当中高危行业和劳动密集型产业比重仍然过大，人员过多，事故风险大，保障能力低。有统计表明，全国每天公路客运量有一亿多人，地铁客运量约4500万人，在建筑工地施工的接近4500万人，在井下作业的接近800万人；全国油气管道陆上总里程达12万千米（绕地球3圈），其中一半以上运行了20多年，"跑冒滴漏"问题时有发生。更令人担忧的是，许多油气管线与城市地下管网交叉重叠，暗藏着诸多隐蔽性致灾因素；全国每年有2.5亿吨危险化学品南来北往、东拉西运，一辆辆槽罐车如同一颗颗移动的炸弹，稍有不慎就是群死群伤；在城乡接合部，"三合一""多合一"违章建筑大量存在，排查出的重大火灾隐患300多万处。所有这些，都是制约安全发展的深层次矛盾和问题，而解决这些问题，绝不是靠一两年的时间就能奏效的，也不是单靠哪一个部门，更不是靠安监部门就能解决的。必须通过实施安全发展战略，全党动手、全社会动员，形成齐抓共管的工作格局才能见到成效。

安全发展理念所蕴含的思想方法，要求安全监管部门和安全监管监察人员，必须强化大局意识、政治意识、核心意识、看齐意识，自觉坚持用习近平新时代中国特色社会主义思想武装头脑，指导实践，围绕中心，服务大局，把安全监管监察工作自觉融入经济社会发展的大格局中，善于从安全与发展的逻辑关系上，审视安全生产工作的问题，善于用发展的眼光研究、探索解决问题的途径、办法，推动安全生产与转方式、调结构、促发展紧密结合起来，从根本上全面提升安全发展水平。

三、安全发展理念是安全生产治理体系和治理能力现代化的重要引擎

从安全生产到安全发展，是一个重大飞跃，因为它拓展了安全生产的内涵和外延，使我们对安全生产的认识提升到一个新的境界。如

果说安全生产的概念仍然被局限在生产经营领域,那么安全发展的概念就被拓展到社会治理的空间;从安全发展到安全发展战略,是又一次重大飞跃,因为它把一种理念、意识上升到国家的战略层面,成为可以实施的行动纲领。确立并实施安全发展战略,有着重要的理论意义和实践意义。其理论意义就在于为构建中国特色安全生产理论体系奠定了基石,这就是安全发展,其核心是以人为本;其实践意义就在于通过实施安全发展战略,可以进一步凝聚全党全社会的共识,形成推动安全发展的整体合力。

党和政府最早提出实施安全发展战略,是在2011年11月26日国务院印发的《关于坚持科学发展安全发展促进安全生产形势持续稳定好转的意见》的指导思想里。随后,在2012年《政府工作报告》中,也明确提出"实施安全发展战略"。2013年初,国务院召开的全国安全生产电视电话会议上,国务院安全生产委员会主任张德江讲话的题目就是"大力实施安全发展战略,加快实现安全生产形势的根本好转"。党的十八大以来,习近平总书记在多种场合都讲过安全发展战略问题,强调要强化红线意识,实施安全发展战略。2016年12月9日出台的《中共中央国务院关于推进安全生产领域改革发展的意见》(以下简称《意见》),再一次提出要"大力实施安全发展战略",并从战略的高度提出了今后一个时期安全生产工作的指导思想、指导原则、目标任务和重大举措,成为真正意义上实施安全发展战略的行动纲领。

战略相对于战术来讲,更具全局性、方向性、指导性、引领性。安全发展战略,可以说是指导安全生产与经济社会协调发展的理念、思路、原则和举措的总和。一般地讲,构成战略的基本要件包括战略目标、指导方针、战略工程、战略举措等,这些都被蕴含在安全发展战略的总体格局中,并形成了一个完整的体系。所以说,安全发展战略绝不是一句口号,更不是空中楼阁,而是一个实实在在的行动纲领。通过这个战略的实施,可以进一步推进安全生产治理体系和治理能力现代化，实现安全生产与经济社会的协调发展。

第一，安全发展的战略目标已经明确。《意见》提出了安全生产的两大目标任务，即到2020年，安全监管体制机制基本成熟，法律制度基本完善，事故总量明显减少，职业病防治取得积极进展，重特大事故频发势头得到有效遏制，安全生产整体水平与全面建成小康社会目标相适应；到2030年，实现安全生产治理体系和治理能力现代化，全民安全文明素质全面提升，安全生产保障能力显著增强，为实现中华民族伟大复兴的中国梦奠定稳固可靠的安全生产基础。这两大目标导向体现了经济社会发展对安全生产工作的总体要求，体现了安全生产在经济社会发展中的地位和作用。这两大目标既与我们党提出的"两个一百年"的奋斗目标紧密相连，也与党的十九大确立的"两步走"战略步骤息息相关；既是构成伟大梦想的重要组成部分，也是实现伟大梦想的稳固基础。

第二，安全发展的指导方针也已经确立。《意见》提出了安全生产领域改革发展的五大指导原则，这也是实现安全发展的重要指导方针，即"五个坚持"：一是坚持安全发展，这是总的指导思想；二是坚持改革创新，这是工作的根本动力源泉；三是坚持依法监管，这是依法治国方略在安全生产领域的体现；四是坚持源头防范，这既是工作的重心所在，也是安全基础；五是坚持系统治理，这是总的工作格局和基本保障。这"五个坚持"，既是对安全生产实践经验的理论概括，也是对安全生产工作规律的科学揭示。坚持这五个指导方针，就可以把握安全发展的正确方向。

第三，安全发展的战略工程已经实施。我们党确定实施安全发展战略以来，国家在"十三五"期间，就实施了监管监察能力建设、信息预警监控能力建设、风险防控能力建设、职业病危害治理能力建设、城市安全运行能力建设、科技支撑能力建设、应急救援能力建设、文化服务能力建设"八大重点工程"，完成一大批基础工程和治理项目，进一步提升了我国安全保障水平。正在实施的国家安全生产"十四五"规划，又提出了坚持总体国家安全观，实施国家安全战略，维护和塑造国家安全，统筹传统安全和非传统安全，把安全发展贯穿国家发展各领域和全过程，防范和化解影响我国现代化进程的各种风险，筑牢国家安全屏障的总体战略要求。《意见》中也对矿山、危险化学品、道路交通等重点行业领域的安全防范工程做出部署。这些重点工程的实施把安全发展战略具体化为看得见摸得着的、实实在在的工程项目，使人们看到安全发展战略的实施路径和具体成果。

第四，安全发展的战略举措也已经形成。党中央确立实施安全发展战略以来，不断提出并逐步完善各项战略举措，形成一系列管用的制度措施、政策措施。《意见》提出的推进安全生产领域改革发展的"五大举措"切中要害，抓住了制约安全发展的关键环节、关键问题，是促进安全发展的重大战略举措。一是健全落实安全生产责任制，这是做好安全生产工作的灵魂，没有责任就没有压力、没有动力；二是改革安全监管监察体制，理顺部门职能关系，这是实现安全发展的体制保障；三是大力推进依法治理，加快建立规范的安全生产法治秩序，这是实现安全发展的基本方略；四是建立安全预防控制体系，形成隐患排查治理的长效机制，这是实现安全发展的工作重心；五是加强安全基础保障能力建设，这是实现安全发展的有力支撑。把这些重大举措持之以恒地抓下去，就会见到大成效。

安全发展理念和安全发展战略的提出，源于我们对工业化进程中发展规律的认识和把握，源于我们对生命价值的重新认知和敬畏，源于我们对以人民为中心发展思想的深刻理解，其中所蕴含的哲学力量和真理光芒，是不以人的主观意志为转移的。安全发展如同一面闪光的旗帜，高高飘扬在中国特色社会主义的康庄大道上，引导人们在安全的基础上奋力决胜全面建成小康社会，夺取新时代中国特色社会主义伟大事业的新胜利。

第二节　安全生产治理新形势

一、安全生产工作方位

中国特色社会主义进入了新时代，对安全生产工作的要求更高、更严。首先，无论是全面建成小康社会，还是基本实现社会主义现代化，建成富强民主文明和谐美丽的社会主义现代化强国，社会和谐稳定都是题中应有之义。我们只有坚持不懈、扎实努力，推动安全生产形势实现根本好转，有力维护人民群众生命财产安全和社会和谐稳定，才能使各个阶段的目标得到人民认可、经得起历史检验。其次，人民群众在解决温饱后，对美好生活的向往日益增长，特别是对安全和健康的期望日益增长，全社会对安全的关注度越来越高，对事故的容忍度越来越低，安全生产工作必须回应人民的期盼。再次，我国工业化、城镇化持续快速发展，大量新能源、新工艺、新材料广泛应用，新行业、新业态大量涌现，一些"想不到、管不到"的领域风险逐步显现、交织叠加，对安全生产提出了新要求。最后，人口和产业进一步向城市集中，城市规模越来越大、结构越来越复杂。随着农业农村生产经营建设活动大幅增加，农村交通运输、医院、饭店、民宿旅游等大量增多，农民的安全意识和技能有待提高，安全风险进一步凸显，必须采取有效措施积极应对。做好安全生产工作，必须坚持辩证唯物主义和历史唯物主义，准确把握主要矛盾"变化"和历史阶段"没有变"对安全生产的新要求，着力找差距、补短板、上水平，努力为保障人民群众平安幸福地享有发展成果做出贡献。

二、安全生产工作任务

习近平总书记在党的十九大报告中指出："树立安全发展理念，弘扬生命至上、安全第一的思想，健全公共安全体系，完善安全生产责任制,坚决遏制重特大安全事故,提升防灾减灾救灾能力。"这为新形势下安全生产工作赋予了新使命。具体应做到如下几点。

(一)严格落实安全生产责任制

认真贯彻落实习近平总书记关于"党政同责、一岗双责、齐抓共管、失职追责"的指示,进一步健全安全生产责任体系,落实地方党政领导干部安全生产责任,依法厘清安全生产综合监管、行业监管和专业监管的关系,明确各有关部门安全生产和职业健康工作职责,推动制定安全生产权力和责任清单。健全安全生产责任考核机制,加大安全生产在社会治安综合治理、精神文明等考核中的权重,严格落实安全生产"一票否决"制。建立安全生产约谈、警示教育制度。组织开展省级政府安全生产工作考核,研究建立国务院安全生产委员会成员单位安全生产工作考核机制。完善安全生产巡查工作制度,加强对地方安全生产责任落实情况的巡查。推动落实境外中资企业投资主体安全生产责任,加强境外中资企业安全管理。

(二)加强安全生产法治建设

积极推进危险化学品安全管理立法和安全生产法实施条例的制定,加快推动《中华人民共和国安全生产法》《中华人民共和国矿山安全法》《中华人民共和国职业病防治法》以及《安全生产许可证条例》等法律法规的修订。推动设区的市加强安全生产地方性法规建设。制定出台一批安全生产领域急需的强制性国家标准,理顺职业病危害预防国家标准制定发布机制。加强城市、农业农村安全生产法规标准建设。加大安全监管监察执法力度,健全联合执法机制,完善行政执法和刑事司法衔接制度,依法依规严厉打击各类违法违规行为。加快安全监管监察执法规范化、信息化、专业化建设,加强执法信息公开和执法监督,健全监管执法的记录、通报和责任追究机制。严格事故调查处理,完善落实事故调查组组长负责、事故查处挂牌督办、事故责任追究和问题整改督办等制度。健全事故调查分析技术支撑体系,事故调查报告设立技术专篇和管理专篇并全文公布。

（三）深化安全监管体制机制改革

加快矿山、危险化学品、海洋石油等重点行业领域安全监管体制改革，理顺铁路、电力等行业跨区域监管协调机制。加快建立安全生产与职业健康一体化监管执法体制机制。推动地方完善各类功能区安全监管体制，明确负责安全监管的机构。推进安全生产应急救援管理体制改革，强化行政管理职能，健全省、市、县三级安全生产应急救援管理工作机制。加强和改进安全生产督查检查工作，完善大检查工作制度。加强安全生产社会化服务体系建设，完善安全生产政府购买服务制度措施，建立服务机构公示制度和信用评定制度。落实注册安全工程师制度，依法推行安全生产责任保险，加快安全生产诚信体系建设，健全企业安全承诺、信息公示和联合惩戒激励机制。

（四）推进城市安全发展

贯彻落实《中共中央办公厅、国务院办公厅印发〈关于推进城市安全发展的意见〉的通知》，大力推动城市安全发展各项制度措施的落实。制定安全发展示范城市评价与管理办法及细则，开展安全发展示范城市创建工作。推动城市以安全为前提，制定城市经济社会发展总体规划及城市规划、城市综合防灾减灾规划等专项规划。完善城市基础设施技术标准，加强基础设施建设、运营过程中的安全监督管理。完善城市社区安全网格化管理工作体系，推进安全社区和城市生命线工程建设。加强城市安全风险管控，全面开展安全风险辨识评估，建立安全风险信息管理平台，完善重大安全风险联防联控机制。深化城市安全隐患排查治理，加强大型群众性活动安全管理，落实人员密集场所安全监管制度。加强城市应急救援基础设施和能力建设。

（五）加强农业农村安全监管

研究制定加强农业农村安全生产工作的办法措施，探索建立城乡统一的安全生产管理制度体系，推动安全监管力量向农村延伸，推进落实乡镇、行政村两级安全生产责任制,明确农业农村生产经营单位的安全生产责任。加强农业农村生产经营建设活动安全监管,强化农村重点行业领域安全综合整治。深化"平安渔业""平安农机"活动,加快建立渔业、农机安全生产长效机制。加强农村建筑施工、道路交通、消防、煤改电(气)工程等安全监管,深入排查治理安全隐患。加大农村安全生产基础设施投入,逐步提高农村道路建设安全标准等级,因地制宜开展农村危房加固改造,加强农村基本消防设施配备。加强农业生产安全技术指导和从业人员安全技能培训,实施农民安全素质提升工程。

(六)深化危险化学品安全综合治理

加大力度推进《危险化学品安全综合治理方案》的实施,全面落实有关部门职责分工和各地区、各部门实施方案,加大考核力度,确保完成年度工作目标。完善联席会议工作机制,制定危险化学品安全监管权力清单和责任清单。进一步完善危险化学品安全风险"一张图、一张表",加快推进城镇人口密集区危险化学品生产企业的搬迁改造。坚持问题导向,深化危险化学品特殊作业、储存场所、设计诊断、自动化改造等的专项整治和"反三违"行动。对危险化学品企业开展安全评估诊断并实施分级监管。推动危险化学品重点县强化安全监管能力建设,加强油气输送管道高风险区的安全风险管控。

(七)强化安全生产专项治理

贯彻落实党中央关于供给侧结构性改革的部署,大力淘汰不安全的落后产能。严格安全生产准入,运用法治、行政、市场等手段,推动不符合安全生产条件的小矿山、小化工、小水泥、小钢铁等企业关闭退出。深入推进煤矿瓦斯、水害、冲击地压等重大灾害治理,以及与煤共(伴)生矿山、尾矿库"头顶库"和地下矿山火灾专项治理,继续推动烟花爆竹生产企业改造提升和退出地区强化"打非"工作。加强道路交通"两客一危"、建筑施工(隧道施工)、电气火灾、水库大坝等的安全治理，推进公路、铁路等重大安防工程建设。继续深化涉爆粉尘、钢铁企业和水上交通、铁路（高铁）、民航、渔业船舶、农业机械、民爆物品、电力、特种设备、防雷等重点行业领域的安全专项整治。加快研究制定重点行业领域安全风险管控办法和重大隐患判定标准，推动构建风险分级管控和隐患排查治理预防机制。严格高危项目安全准入，重大安全风险无法有效管控的实行"一票否决"。

（八）深入开展安全生产宣传培训教育

深入宣传习近平总书记关于安全生产的重要思想，组织开展好全国"安全生产月""安全生产万里行"和"安康杯"竞赛、"青年安全生产示范岗""安全生产法宣传周"，以及"职业病防治法宣传周"等活动。推动把安全知识普及纳入国民教育，建立完善中小学安全教育和高危行业职业安全教育体系。加强企业全员安全生产和职业健康业务培训，督促企业严格落实安全教育培训、特种作业持证上岗等制度。加强安全文化建设，全面开展安全生产和职业健康宣传教育进企业、进校园、进机关、进社区、进农村、进家庭、进公共场所"七进"活动。落实安全生产举报奖励制度，引导广大群众广泛参与支持安全生产，强化社会监督。

（九）加强安全基础能力建设

加强安全生产经济政策研究，落实企业安全生产费用提取、管理、使用等政策制度，加强中央财政安全生产预防及应急专项资金使用管理，完善国家、地方、企业安全投入长效机制。大力推进企业安全生产标准化建设，建立安全生产标准化建设激励约束机制。健全完善负有安全监管职责的部门监管执法经费保障机制，加强监管执法装备使用管理，切实为基层监管执法工作提供保障。加快建设安全生产和职业健康信息化全国"一张图"以及矿山、危险化学品风险预警与防控系统，加强安全生产信息化、数字化、智能化建设。加强安全科技支撑能力建设，加快安全生产关键技术装备的研发攻关和转化使用，支持建设国家安全生产技术创新中心。加强职业健康工作,深化尘毒危害等职业病危害专项治理,推动企业加强职业健康基础工作。组织开展职业病危害普查。完善职业病患者救治相关规定。完善安全生产应急救援体系,加快国家矿山、危险化学品、油气输送管道、隧道施工等应急救援基地建设,推动建立京津冀、雄安新区等地区应急救援资源共享和协调联动机制。

(十)提高安全监管监察队伍专业化水平

加强安全监管监察执法队伍建设,指导推动地方充实市、县两级安全监管执法人员,强化乡镇(街道)安全监管力量。加强安全监管监察执法人员资格管理,不断提高安全监管监察执法人员专业化水平。建立和落实安全监管监察执法人员录用标准、凡进必考、入职培训、持证上岗和定期轮训制度,提升安全监管监察执法能力。

三、安全生产工作形势

新时代赋予了安全生产工作新形势,供给侧结构改革、经济结构转型等给经济社会发展带来深刻变革,我们必须深刻认识和牢牢把握安全生产工作的新形势和新机遇,自觉适应和引领经济发展新常态,推进安全生产工作的改革创新,促进安全生产与经济社会的协调发展。

(一)我国经济已由高速增长阶段转向高质量发展阶段

习近平总书记在党的十九大报告中指出:"实现两个一百年奋斗目标、实现中华民族伟大复兴的中国梦,不断提高人民生活水平,必须坚定不移把发展作为党执政兴国的第一要务,坚持解放和发展社会生产力,坚持社会主义市场经济改革方向,推动经济持续健康发展。"我国经济已由高速增长阶段转向高质量发展阶段,正处在转变发展方式、优化经济结构、转换增长动力的攻关期,建设现代化经济体系是跨越关口的迫切要求和我国发展的战略目标。必须坚持质量第一、效益优先,以供给侧结构性改革为主线,推动经济发展质量变革、效率变革、动力变革，提高全要素生产率，着力加快建设实体经济、科技创新、现代金融、人力资源协同发展的产业体系，着力构建市场机制有效、微观主体有活力、宏观调控有度的经济体制，不断增强我国经济的创新力和竞争力。随着高质量发展方式的转变，将进一步改善安全生产的外部环境，强化安全保障能力。同时，也对新形势下的安全监管方式和手段提出挑战。

（二）供给侧结构性改革

2015年中央经济工作会议在清醒分析和把握国内外形势的基础上，秉持创新、协调、绿色、开放、共享的发展理念，适应和引领经济发展新常态，对今后一个时期的经济工作做出总体部署，提出许多新思想、新观点、新举措。其最鲜明的时代特色就是突出改革创新，从改革的视角分析问题，用改革的思维研究问题，靠改革的路径解决问题；其最大的亮点就是提出供给侧结构性改革的总体思路和重点任务。我们要深刻理解供给侧结构性改革的重大意义，并把握和运用好这一改革给安全生产工作带来的重大历史机遇。把供给侧结构性改革作为当前经济工作的一项重点任务，具有重大的理论意义和实践意义。

第一，供给侧结构性改革是经济领域前所未有的一场重大变革。我国经济持续下行，表面看是速度问题，根子却是体制性、结构性问题，暴露了传统发展方式存在的诸多弊病。如果再延续"高增长、高投入、高消耗、低效益"的老路，继续采取强刺激的手段，势必带来更大的产能过剩，经济有可能陷入更大危机。所以，加快发展动力的转换，促进经济"换挡升级"，"中等收入陷阱"是一道必须跨越的坎，而跨过这道坎的动力之源就是改革。只有通过改革才能彻底转变落后的发展方式，使经济真正走上质量效益型的发展之路。

第二，供给侧结构性改革是适应引领经济发展经济发展新常态的重大举措。适应引领经济发展新常态不是一句口号，要有真招式、实办法。长期以来，在高速增长模式下，我们刺激经济的手段主要侧重需求侧管理，强调要素投入，靠投资、消费、出口"三驾马车"拉动，短期效应比较明显。但是在新常态下，要有长期视野，通过制度创新、结构优化、要素升级"三大发动机"驱动，提高资源配置效率，增加有效供给，最终也会创造出新的需求。市场经济条件下，供需双方相互制约，在经济发展的不同阶段各有侧重。适应引领新常态，就要注重供给侧的结构性改革。

第三，供给侧结构性改革是中国特色政治经济学的重大创新。习近平总书记在中共中央政治局第二十八次集体学习时强调，"要立足我国国情和我国发展实践，揭示新特点新规律，提炼和总结我国经济发展实践的规律性成果，把实践经验上升为系统化的经济学说，不断开拓当代中国马克思主义政治经济学新境界"。提出供给侧结构性改革本身就是重大的理论和实践创新，突破了原有的思维定式，既不是一般意义上的供给侧管理，也不是就供给讲供给、就市场讲市场，更有别于西方经济学供给学派的理论观点，而是建立在科学分析和把握新常态下经济运行规律特点基础上的重大创新，是方法论与实践论的有机统一，其目的就是更好地发挥"两只手"的作用，促进经济的持续健康发展。

（三）经济结构转型给安全生产工作提供新机遇

纵观我国安全生产总体状况，经过长期努力，虽呈现稳定好转的发展态势，但重特大事故仍时有发生，形势依然严峻。这里虽有主观努力不够、主体责任不落实、监管不到位等问题，但还有部分原因是制约安全生产的深层次矛盾没有得到根本解决，主要是供给侧出了问题。

一是落后的经济发展方式加大了安全生产的压力。我国长期以来保持的经济高增长，主要是靠要素的投入和积累换来的，我们生产占世界15%的GDP，却消耗了占世界一半的煤炭、钢铁和建材。这种粗放型的发展方式，拉动了社会不合理的需求，不仅造成能源、原材料等基础产业持续紧张，超强度开采、超能力生产、超负荷运输导致事故时有发生，还造成煤炭、钢铁和建材产能的严重过剩。

二是产业结构不合理加大了事故风险。长期的低水平重复建设，使高危企业、劳动密集型产业比重过大，且安全基础薄弱。全国小煤矿、小矿山、小化工企业当中，不具备安全保障能力的分别占60％、90％和82％。没有护栏的急弯陡坡、临水临崖等危险路段有7.5万处、6.5万千米。全国每年有2.5亿吨危险化学品通过公路运输，南来北往、东拉西运。全国有12万千米油气输送管道，一半以上已运行20年，"跑冒滴漏"问题时有发生，非法占压、安全距离不够、交叉穿越等重大隐患近7000项。全国"多合一"等火灾隐患有300余万处。

三是产业工人队伍结构发生变化，素质参差不齐。随着大量农村富余劳动力进入城镇，进入产业工人队伍，我国传统产业大军的结构素质已经发生很大变化，但是还没有形成把农民工转化成合格产业工人的培训机制和劳动力供给机制。全国800万名矿工、4500万名建筑工人和烟花爆竹等高危行业从业人员中80％以上为农民工，其中70％以上未接受过正规安全培训，工作中违章指挥、违规作业、违反劳动纪律的现象屡禁不止，成为导致事故多发的重要原因[①]。

以上这些深层次问题，通过"去产能"，化解产能过剩，实现供需平衡；通过关闭破产、资产重组，淘汰"僵尸企业"；通过要素升级，进一步促进产业结构调整优化。这些都将为安全生产工作创造有利条件。可以说，供给侧结构性改革是安全生产的治本之策。

我们要深刻认识和把握供给侧结构性改革给安全生产工作带来的新机遇，自觉适应和引领经济发展新常态，推进安全生产工作的改革

---

① 朱义长：《中国安全生产史（1949—2015）》，煤炭工业出版社2017年版。

创新，促进安全生产与经济社会的协调发展。

第一，要强化市场准入的安全标准。供给侧结构性改革从政策角度说，是要处理好政府与市场的关系，更好地发挥市场配置资源的决定性作用。所以，政府要尽量减少各种行政审批，降低市场准入门槛，为企业发展创造宽松的外部环境。但是，减少行政审批并不等于放任不管，降低门槛并不等于降低安全标准。要在下放和减少行政审批事项的同时，认真研究如何强化市场准入的安全标准，防止存在重大安全隐患的企业进入市场；研究如何加强安全生产的事前、事中和事后监管，把各类事故消灭在萌芽状态，做到防患未然；研究如何加大安全生产考核权重，实行重大事故和重大风险一票否决，建立有效的监督制约机制。

第二，推动企业夯实安全基础管理。供给侧结构性改革奉行优胜劣汰的市场竞争法则，这就为市场微观主体的再造创造了必要的环境。要抓住"去产能"和资产重组的有利时机，坚决淘汰那些不具备安全生产条件的生产经营单位。同时，引导各类企业落实《中华人民共和国安全生产法》所规定的安全生产主体责任，健全完善以责任制为核心的内部管理制度，堵塞各种漏洞，补齐安全短板，做到安全投入到位、基础管理到位、安全培训到位、应急救援到位。推进企业机械化、自动化、信息化和标准化建设，建立起自我约束、持续改进的安全生产长效机制。

第三，加强安全保障能力的基础建设。供给侧结构性改革贯穿"十三五"和"十四五"经济社会发展全过程。我们要借势而为，把安全生产基础建设搞扎实。要在"十三五"实施安全生产"八大工程"的基础上，继续落实资金、项目，推进煤矿安全保障能力提升、道路交通生命保障、隐患排查治理、职业危害防治、应急救援能力、科技研发推广、安全文化示范和监管监察能力等重点工程建设，进一步提升安全保障水平。要加快实施"科技强安"战略，在防范煤矿瓦斯事故、危险化学品运输存放、密闭空间中毒窒息、隧道施工坍塌、管道泄漏爆炸、公众场所火灾等方面，实行强制性安全技术措施，建立隐患排查治理体系。采用高科技、大数据等手段，健全监测监控、预报预警和快速反应系统，提高风险预控与处置能力。

第四，加快安全监管工作的改革创新。要以供给侧结构性改革为契机，切实转变安全监管工作思路。从思想理念上，要确立全面小康社会首先是安全保障型社会，必须坚持安全发展，强化以人为本、生命至上的意识；从工作目标上，要把确保公众安居乐业、社会安定有序、人民平安幸福作为奋斗目标，实现安全形势的根本好转；从监管范围上，要在继续强化重点行业领域安全监管的同时，逐步向涉及公众安全的领域和职业健康扩展，不断满足人民群众对安全发展的新期待；从方法手段上，要强化法治思维和风险预控管理，坚持标本兼治、综合治理，走社会化、法治化、精细化管理的新路子；从体制机制上，要加强党对安全生产工作的领导，逐步形成"党政同责、一岗双责、齐抓共管、失职追责"的领导工作格局。

第三节　安全生产治理新格局

一、安全生产工作奋斗目标

立足安全生产和应急管理工作新的历史阶段，结合当前工作实际，科学预判"十四五"乃至更长一段时期我国安全生产工作重点任务，提出新时代安全生产工作奋斗目标如下。

（一）新时代安全生产工作奋斗目标

做好安全生产工作，必须牢记历史使命。党的十九大报告提出："到2020年全面建成小康社会，到2035年基本实现社会主义现代化，到本世纪中叶建成社会主义现代化强国。"安全生产发展蓝图呈现出步步推进、行稳致远的历史发展脉络。安全生产工作的历史使命就是维护人民群众生命财产安全,为全面建成小康社会、实现中华民族伟大复兴的中国梦奠定稳固可靠的安全生产基础。按照党中央、国务院关于安全生产工作的战略部署,结合我国安全发展实际,提出新时代安全生产工作奋斗目标,明确工作方向,为促进安全生产工作的根本好转提供了重要指引。

新时代安全生产工作的奋斗目标:推动安全生产整体水平与2020年全面建成小康社会、2035年基本实现社会主义现代化、本世纪中叶全面建成富强民主文明和谐美丽的社会主义现代化强国相适应,实现安全生产治理体系和治理能力现代化。

(二)新时代安全生产工作原则

一是坚持安全发展。发展是第一要务,安全是提高发展质量和效益的根本要求。坚持以人民为中心的发展思想,既要让人民富起来,又要让人民的安全和健康得到切实保障。安全发展观念必须非常明确、非常强烈、非常坚定。对于党委和政府,保安全就是促进改革发展、维护社会稳定、保证党的宗旨得以落实;对于生产经营者,保安全就是保效益、保品牌、保市场;对于广大人民群众,保安全就是保生命、保健康、保幸福。只有坚定不移地走安全发展道路,安全生产工作才会被摆上重要位置,人民群众才能安居乐业,经济社会才能持续健康发展。

二是坚持改革创新。始终把改革创新作为推动安全生产发展进步的根本动力,以改革促发展,以改革求突破,以改革补短板。着力推进安全生产监管监察体制改革,健全、明确、压紧、压实各方工作职责,完善齐抓共管的工作机制;着力推进安全生产综合治理改革,完善安全生产综合治理机制,加强社会化服务体系建设;着力推进应急管理体制改革,整合优化应急力量和资源,推动形成中国特色的应急管理体制;着力推进安全监管执法运行机制改革,充分发挥信息化、大数据的支撑作用,加强安监执法机构规范化、标准化、信息化建设,提高安全监管执法效率和效果；着力推进基层安监执法人员队伍建设改革，坚持做强基层、做实基础，大力提高安监执法人员业务素质能力，重点解决人员不足、保障不到位等问题，不断增强基层实力、激发基层活力、提升基层战斗力。

三是坚持依法监管。"立善法于天下，则天下治；立善法于一国，则一国治。"同理，立善法于安全生产，则安全生产治。要注重运用法治思维和法治方式，着力完善安全生产的法律法规和标准，着力强化严格执法和规范执法，着力增强安全监管监察队伍的法治素养和法治能力，着力提高全社会遵守安全法制的意识、履行安全法定责任的观念，加快实现安全生产治理体系和治理能力的现代化。

四是坚持源头防范。预防事故是安全生产工作的价值所在，预防的着力点是源头防范。只有从根子上把预防的各项措施落到实处，做到防患未然，才能牢牢把握安全生产工作的主动权。要坚持从源头抓起，从每一个项目、每一个环节抓起，把安全生产理念贯穿到城乡规划布局、设计、建设、管理和企业生产经营活动的全过程，建立实施安全风险分级管控和隐患排查治理双重预防工作机制，严防风险演变、隐患升级导致生产安全事故的发生。

五是坚持系统治理。无论从微观看还是从宏观看，安全生产工作与政治、经济、文化、社会等各方面都密切相关。提高我国安全生产整体水平，必须坚持系统论的思想，标本兼治、综合施策、多方发力，充分发挥中国特色社会主义制度优势，科学运用法律、行政、经济、市场等手段，全面落实人防、技防、物防措施，织密齐抓共管、系统治理的安全生产保障网。

二、安全生产工作主要举措

基于上述目标及原则，提出新时代我国安全生产工作主要举措如下。

（一）自觉用党的十九大精神武装头脑，胸怀大局，把握大势，深刻认识安全生产工作在推进新时代中国特色社会主义伟大事业中肩负的使命

找准历史方位。中国特色社会主义进入了新时代，这是我国发展新的历史方位。党的十八大以来，以习近平同志为核心的党中央对安全生产工作空前重视，安全生产改革发展不断推进，事故起数和死亡人数连年下降，安全生产形势持续稳定好转，安全生产工作进入了新的发展时期，这是安全生产工作的新方位、新起点。我们要坚定"四个自信"，以永不懈怠的精神状态和一往无前的奋斗姿态，去创造新时代的新气象、新作为。

强化理论武装。习近平新时代中国特色社会主义思想，系统回答了新时代坚持和发展什么样的中国特色社会主义、怎样坚持和发展中国特色社会主义这个重大时代课题，开辟了马克思主义中国化的新境界，是照亮中华民族伟大复兴的思想灯塔，是指导一切工作的根本遵循和强大思想武器。我们要坚持用习近平新时代中国特色社会主义思想武装头脑，做到真学真懂、真信真用，在安全生产工作中全面准确地贯彻落实，使之在安全生产战线落地生根，形成生动实践。

把握主要矛盾。我国社会的主要矛盾已经转化为人民日益增长的美好生活需要和不平衡不充分的发展之间的矛盾，但我国仍处于并将长期处于社会主义初级阶段的基本国情没有变。人民群众美好生活需要的日益增长，首先是安全和健康需要的日益增长，但当前我国安全生产形势依然严峻，不平衡不充分问题仍然突出，这在经济社会发展中仍是短板和薄弱环节。我们要坚持辩证唯物主义和历史唯物主义，准确把握主要矛盾"变化"和历史阶段"没有变"对安全生产的新要求，着力找差距、补短板、上水平，努力为保障人民群众平安幸福地享有发展成果做出贡献。

牢记历史使命。中国共产党一经成立就义无反顾地肩负起实现中华民族伟大复兴的历史使命，到2020年全面建成小康社会，到2035年基本实现社会主义现代化，到本世纪中叶建成社会主义现代化强国，呈现出步步推进、行稳致远的历史发展脉络。安全生产工作的历史使命就是维护人民群众生命财产安全，为全面建成小康社会、实现中华民族伟大复兴的中国梦奠定稳固可靠的安全生产基础。面对历史重托，面对人民期盼，面对使命召唤，我们必须敢于担当、勇于负责，奋发有为、真抓实干，认真履行安全监管监察职责，自觉为实现新时代党的历史使命不懈奋斗，让党中央放心，让人民群众安心。

（二）准确把握新时代新征程对安全生产工作的新要求，厘清思路，明确方向，思考谋划安全生产工作

从治标为主向标本兼治、重在治本转变。当前，我国安全生产形势虽有很大改善，但突发性、复杂性仍然突出，把握性、可控性仍然不强，特别是重特大事故多发势头仍未得到有效遏制，主要原因就在于安全基础总体薄弱。要在毫不放松隐患治理、应急处置、调查处理等治标工作的同时，高度重视并坚持不懈地推进治本工作，不断夯实安全基础，提升全民安全素质，推进安全科技进步，强化安全风险防控，加快构建全方位立体化安全生产网。

从事后调查处理向事前预防、源头治理转变。把事故消灭在发生之前、最大限度地保护人的生命和健康，是安全发展理念的必然要求。要把安全生产工作的着力点，更多地放到事前预防和源头治理上，严格安全生产市场准入，把安全生产贯穿城乡规划建设和企业生产经营全过程，全面排查管控安全风险，深化事故隐患排查治理，严防风险演变、隐患升级导致生产安全事故发生，不断增强安全生产工作主动权。

从行政手段为主向依法治理转变。当前，安全生产工作仍然主要依靠审批、核准、检查、督查等行政手段，与全面依法治国、全面依法行政的要求不相适应。要在继续强化必要的行政手段的同时，大力弘扬法治精神，加强安全监管执法队伍建设，完善安全生产法律法规标准体系，严格规范执法，全面提高安全生产法治化水平，更多运用法治思维和法治方式研究解决安全生产问题。

从单一安全监管向综合治理转变。安全生产问题不是孤立的，而是各个方面问题和各种致灾因素相互作用的结果。治理安全生产问题，必须充分发挥社会主义制度的优越性，积极调动各方面力量，综合施策、多方发力、齐抓共管。要严密层级治理和行业治理、政府治理、社会治理相结合的安全生产治理体系，综合运用法律、行政、经济、市场等手段，落实人防、技防、物防措施，实现安全生产共建共治共享。

从传统监管方式向运用信息化、数字化、智能化等现代方式转变。现代信息技术的发展，给社会经济结构、生产方式和生活方式带来深刻变化。安全监管监察工作必须主动顺应发展趋势，积极运用互联网、大数据等新技术，加强安全监管监察信息化建设，强化互联互通和信息共享，深化安全生产规律性研究、关联性分析，加强重大危险源和隐患监测监控、预测预警，运用现代管理方式提升安全监管效能。

（三）坚决贯彻党的十九大部署要求，真抓实干，开拓创新，努力为全面建成小康社会、实现中华民族伟大复兴中国梦做出贡献

强化责任落实，大力推进全面从严治党向纵深发展。按照新时代党的建设总要求、总布局、总目标和重点任务，大力推进党的建设和干部队伍建设。把党的政治建设摆在首位，增强"四个意识"，坚定自觉地维护以习近平同志为核心的党中央权威和集中统一领导，坚定自觉地在思想上政治上行动上同以习近平同志为核心的党中央保持高度一致。严格履行全面从严治党主体责任，严肃党内政治生活，持之以恒正风肃纪，巩固、拓展、落实中央八项规定精神成果，对腐败问题发现一起、查处一起，绝不姑息。打造好的选人用人风气，加强工作作风建设，大力营造风清气正、干事创业的良好政治生态。

强化学习本领，努力提高政治素质和业务能力。认真学习领会习近平新时代中国特色社会主义思想，以理论上的清醒保证政治上的坚定，不断提高政治敏锐性和政治鉴别力。深入学习贯彻习近平总书记关于安全生产的重要讲话和批示指示精神，全面掌握安全生产工作的思想理念、大政方针、目标任务和重大举措，确保中央关于安全生产的决策部署落地生根。系统学习《中华人民共和国安全生产法》《中华人民共和国行政处罚法》等与工作密切相关的法律法规，提升安全监管监察执法能力。立足本职工作，学习安全生产专业知识，提高安全监管监察的专业性。

强化依法治理，全面提升安全生产法治水平。积极推动《中华人民共和国安全生产法》、《中华人民共和国刑法》部分条款、《中华人民共和国矿山安全法》和《中华人民共和国安全生产法实施条例》等法律法规的制定修订，加快安全生产和职业健康标准出台，注重用事故暴露出的问题推动法制建设。加强安全监管执法队伍建设，使监管执法真正严起来、硬起来、实起来，以严格的监管执法推动企业落实安全生产主体责任。规范执法行为，做到严格、规范、公正、文明执法，对监管不到位、执法不严格甚至失职渎职的，依纪依规严肃追责问责。建立执法信息公开制度，自觉接受社会监督和舆论监督，主动接受各级人大法律监督和政协民主监督。建立健全安全监管执法保障机制，进一步加强安全监管监察执法队伍专业化、规范化建设。

强化改革创新，统筹推动安全生产领域改革发展。健全安全生产责任体系，强化绩效激励和责任追究，切实把"党政同责、一岗双责、齐抓共管、失职追责"的要求落到实处。明确安监系统内部事权关系和职责定位，做到依法履责、各负其责。完善煤矿、非煤矿山、危险化学品、海上石油、应急救援等监管监察体制。更好地发挥各级安全生产委员会综合协调、督促检查的作用，努力形成齐抓共管的工作格局。深化行政审批制度改革，积极稳妥地推进行政审批制度改革，及时制定出台事中事后监管措施和办法。改进安全生产督导督查、大检查、挂牌督办和问责约谈等制度措施,加强和完善安全生产工作巡查、考核机制,大力提高安全监管监察执法效能。

强化综合治理,不断提高安全生产防控能力。主动将安全生产纳入社会治理,完善党委领导、政府负责、社会协同、公众参与、法治保障的综合治理机制。加强安全生产诚信体系建设,建立联合惩戒和联合激励机制,推动企业主动履行安全生产主体责任。加快上下融合贯通的安全生产监管监察信息化建设,运用信息化、数字化、智能化等现代手段提高安全监管监察执法效能。加强安全生产社会化服务体系建设,发挥保险机构参与事故预防的作用。加快建立安全风险防控体系,建立重大危险源信息管理系统,深化煤矿、危险化学品等重点行业领域专项治理,及时消除隐患、堵塞漏洞。认真贯彻党中央关于供给侧结构性改革的部署,推动不符合安全生产条件的小矿山、小化工企业等关闭退出。

强化基础建设,努力构建安全生产长效机制。建立健全安全宣传教育体系,提高全社会安全意识和从业人员安全技能。完善安全投入长效机制,推动企业持续加大安全投入,管好用好安全生产预防和应急专项资金。大力推进安全科技进步,充分运用现代技术增强安全保障能力。大力推进企业安全生产标准化建设,严格落实企业隐患排查治理制度,提升企业本质安全水平。以尘毒危害因素为重点,加强职业健康专项治理,有效遏制尘肺病等重点职业病高发势头。强化应急救援能力建设,加强矿山、危险化学品等专业应急救援力量,进一步提高重特大事故应急处置能力。

第二章 重点领域安全生产新要求

第一节 煤矿安全生产工作

一、煤矿安全监察工作

党中央、国务院历来高度重视煤矿安全生产工作,改革开放以来相继出台一系列方针、政策和重大举措,全国煤矿安全生产工作取得了历史性成就,为保障国家能源安全供应和国民经济发展做出了突出贡献。

二、面临的形势和挑战

当前,我国部分煤矿特别是冲击地压矿井和煤与瓦斯突出矿井,灾害治理能力依然存在较大差距。随着煤矿开采深度不断增加,冲击地压、瓦斯等灾害加重且耦合叠加,加之有的煤矿超能力、超强度开采,重大风险不确定性居高不下,安全生产形势依然严峻。

(一)煤矿结构不合理

我国既有不少现代化大型煤矿,也有大量还很落后的小煤矿。当前,全国产能30万吨/年以下小煤矿仍有3113处、产能4.6亿吨/年,分别占全国的53%、8.9%。特别是9万吨/年及以下小煤矿仍有1344处、产能0.9亿吨/年,分别占全国的22.9%、1.7%。当前,我国煤矿"多、小、散、老、弱"的状况没有根本改变[①]。全国单井均产量为59万吨/年，有些省单井平均规模仅为10万吨，这些煤矿始终是煤矿安全生产的重灾区，且破坏生态、污染环境。全国产煤省有26个，点多面广，分布较散，生产集中度较低，集约化水平不高。一些省煤矿布局也较为分散，全省大部分市县都有煤矿，且资源赋存较少。全国国有老矿众多，这些老矿不同程度地存在企业负担重、资源濒临枯竭等问题，安全基础保障、安全投入都不能有效支撑安全生产。众多的小煤矿安全保障能力普遍较弱，无论是装备技术的硬件，还是安全管理能力的软件，都不具备安全生产条件，安全隐患突出。

（二）煤矿各类灾害加重

随着开采深度不断增加，开采条件越来越复杂，自然灾害越来越严重，且相互交织叠加，治理难度不断加大。从自然条件等客观因素来看，我国50%以上的煤炭资源埋藏在1000米以下，全国煤矿以井工开采为主，井工煤矿数占到95%以上，煤炭开采条件十分复杂。煤矿灾害严重，截至2017年底，高瓦斯和煤与瓦斯突出矿井有1857处，冲击地压矿井数量达到183处，水文地质类型复杂和极复杂矿井为503处，较大以上事故死亡人数占比高达55%以上，而且随着开采深度不断加大，各类灾害叠加耦合，防治难度不断增大，容易发生重特大事故[②]。

（三）煤炭市场影响突出

近年来，煤炭市场供需平衡趋紧，个别区域、个别时段供给紧张情况加剧，产需两旺易导致一些采掘失调的煤矿继续超强度、超能力组织生产，部分小煤矿违法违规生产行为抬头，事故风险增加。

（四）部分国有煤矿资源不足、矿井接续紧张

部分国有老矿开采历史较长，后备资源严重不足。受资源枯竭、村

[①] 重点行业领域安全生产形势分析报告，2017年煤矿安全篇章。
[②] 重点行业领域安全生产形势分析报告，2017年煤矿安全篇章。

庄压煤等因素影响,部分煤矿多采区、多煤层同时开采,矿井开拓、准备、回采煤量失衡,造成采掘接续紧张。人为形成孤岛工作面、开采残留煤柱等,给安全生产埋下重大隐患。少数企业抱有侥幸心理,不按客观规律办事,不能正确处理安全与生产、安全与效益、安全与发展的关系,采用非正规回采方式回采,甚至在安全措施无保证、监测监控手段不到位的情况下开采煤柱和孤岛工作面,冒险蛮干极易引发事故。

三、新形势下安全监察工作新思路、新举措

扎实做好煤矿安全生产工作,要以防范化解重大风险为先手棋,严格安全准入和产能核增,健全风险隐患双重预防机制,完善安全预防控制体系。坚持"管理、装备、素质、系统"四并重,推进安全生产标准化纵深发展,推进智能化建设全面铺开,推进安全技能持续提升,推进"一优三减"措施落地,不断夯实煤矿安全生产基础。

(一)扎实开展高风险煤矿安全"体检"

煤矿企业要在提高质量上下功夫。要坚持"谁排查、谁负责,谁整改、谁负责",完善自检自改方案,细化责任分工,逐条对照检查,做到真检真改、隐患清零,形成高质量的"两清单、一报告"。不具备安全条件的煤矿,要主动停产整改;不具备重大灾害治理、重大风险管控能力的煤矿,要主动退出。

监管部门要在强化监督上下功夫。要监督煤矿企业自检自改进展情况和工作质量,看"两清单、一报告"是否符合煤矿实际,是否达到规定要求,发现自检不认真、走过场的,追究煤矿企业和相关负责人责任。要监督问题整改,看隐患整改责任、措施、资金、时限、预案是否做到"五到位",对重大隐患挂牌督办、开展"回头看"、跟踪整改,对安全没有保障的煤矿落实限产、停产、关闭等处置意见。

煤监机构要在较真碰硬上下功夫。要坚持问题导向,围绕防范重特大事故,聚焦主要问题和薄弱环节,全面、深入、细致地进行"体

检"式重点监察，精准提出"一矿一策"的灾害防治方案和措施，分类提出处置意见。要坚持"体检"和严格执法相结合，不符合发证条件的坚决不能发证，不具备安全设施设计条件的建设项目坚决不能批复，不具备安全生产条件的煤矿坚决不能生产，发现重大隐患必须停产整顿问责，发现严重违法违规行为必须严厉处罚。

（二）深入推进煤炭行业供给侧结构性改革

煤炭行业供给侧结构性改革是实现煤矿高质量发展的必由之路，是提升煤矿安全生产整体水平的重要保障。一要加快淘汰退出。发挥去产能部际联席会议平台作用，以严格的安全标准倒逼落后产能淘汰退出，基本淘汰9万吨/年及以下小煤矿、30万吨/年以下煤与瓦斯突出矿井。对"僵尸煤矿"坚决退出，对亏损企业经论证扭亏无望的要尽快退出。对无技术、无人员、无能力治理灾害以及在现阶段技术上没有把握管控重大风险的，地方政府要组织认真研究，该淘汰退出的要纳入淘汰退出计划，对暂不被列入淘汰退出的，要组织论证划定限采区、禁采区。二要严格安全准入。有关部门要对4类煤矿立即停止审核，即：新建产能低于30万吨/年的矿井，新建和改扩建后产能仍低于90万吨/年的煤与瓦斯突出矿井，新建采深超1000米的和改扩建采深超1200米的大中型矿井、新建和改扩建采深超600米的小型矿井，新建高于500万吨/年的煤与瓦斯突出矿井、高于800万吨/年的冲击地压或高瓦斯矿井。同时，严把资源整合项目审批关，防止低水平重复建设。三要严格许可管理。按照《关于做好煤矿企业安全生产许可证管理工作的通知》要求，对地方政府已经确定淘汰并公告退出的煤矿，依法注销安全生产许可证；对晋陕蒙宁30万吨/年以下、冀辽吉黑苏鲁豫甘青新15万吨/年以下、其他地区9万吨/年以下的煤矿，现有安全生产许可证到期后暂停受理延期申请[①]。

---

① 2020年全国安全生产工作会议讲话文稿。

(三) 推进煤矿安全基础建设

一要以机器人研发应用引领"四化"建设。按照国家煤矿安监局已公布的《煤矿机器人重点研发目录》，鼓励支持煤矿企业与国内外科研单位、机器人制造企业开展合作，加快推进研发应用。要持续推进"四化"建设。要研究煤矿井下辅助运输标准化载具，推行井下辅助运输系统连续化。要推进监控系统升级改造，提高监控系统可靠性、稳定性、兼容性。要加快推进互联网、大数据、人工智能同煤矿安全生产深度融合，加快装备升级和信息化改造，强化重大灾害的预警预报。

二要巩固深化"三位一体"安全生产标准化建设。标准化主管部门要引导煤矿岗位作业流程标准化，定期开展抽查检查，推动岗位达标和动态达标，未达到三级标准化的煤矿，发证部门要对持证条件进行重新审查，不具备安全生产条件的依法停产整顿，暂扣证照。要强化风险意识，在安全风险分析研判基础上，进一步细化落实分级分类风险管控措施，推动风险辨识管控向区队、班组延伸。

三要狠抓人员素质提升。要改革创新培训体制机制，加大培训力度，为适应煤矿"四化"建设和科技发展需要，提供强有力的人才保障。加大培训监督检查力度，做到逢查必考、随机抽考，对发现违反规定的单位和人员，依法查处，严肃问责。进一步强化班组安全建设，大力推广"人人都是班组长"的班组管理模式，提高职工安全意识，促进全员素质提升，夯实安全基层基础。

(四) 不断完善煤矿安全法制机制

一要建立健全监管监察执法"三项制度"。贯彻落实《国务院办公厅关于全面推行行政执法公示制度执法全过程记录制度重大执法决定法制审核制度的指导意见》，结合实际研究制定实施办法，进一步规范行政处罚、行政强制、行政检查、行政许可等行为，实现执法信息公开透明、执法全过程留痕、执法决定合法有效。

二要推进执法信息化体系建设。实施"互联网＋监管监察"，运用好安全监控、人员位置监测、灾害预警防控等信息化系统和大数据技术，开展远程监管监察执法。搭建煤矿安全监管监察信息共享平台，逐步形成全国煤矿安全生产"一张网"。

三要完善事故调查处理机制。要严格事故查处，落实事故警示、通报、督办、约谈、现场会、纳入联合惩戒对象和"黑名单"、整改与"回头看"七项制度。要健全完善内部反思自查机制，进一步从法规、技术、管理和执法等方面完善制度措施，以事故教训推动安全生产工作。

四要完善应急管理工作机制。监管监察部门要根据新要求完善应急工作机制，加强领导值班备勤，把煤矿应急管理纳入执法计划，开展专项检查。煤矿企业要完善应急预案，加强应急队伍建设，开展应急演练，提高应急处置能力和救援装备水平。

第二节 非煤矿山安全生产工作

一、非煤矿山安全监察工作

（一）专项整治工作成效明显

国家投入专项资金35.9亿元，用于尾矿库综合治理，在全国范围内消灭了危库和险库，使正常库比例达95%以上。开展头顶库和采空区专项治理，推动1425座头顶库和12.8亿立方米采空区治理工程。不断强化严防十类非煤矿山事故措施，着力开展非煤矿山六个方面专项整治，不断推动重点地区、重点矿种和企业的安全开发水平和安全保障能力。

（二）安全生产法治体系不断完善

在非煤矿山安全生产法治建设方面，形成了以《中华人民共和国安全生产法》《中华人民共和国矿山安全法》为核心和11个部门规章构成的法律、法规、规章体系，由70项国家和行业标准组成的标准体系，清理了205项规范性文件，为非煤矿山安全生产制度化、规范化、标准化提供了法律支撑,非煤矿山法规标准体系基本形成。

(三) 安全监管科学化水平不断提升

确立风险分级监管执法体制,制定非煤矿山安全生产分级监管办法,根据企业特点、设备设施状况、安全管理水平、生产安全事故等情况,结合安全生产标准化评级和专家会诊结果,确定各矿山风险等级,实施差异化监管,并动态调整风险等级。对全国 29938 座矿山划分了风险级别,累计投入 5.47 亿元对 67958 座次矿山进行专家会诊,整改隐患 40.1 万项。

二、面临的形势和挑战

(一) 部分地区矿业秩序仍然没有好转

虽然经过多年的专项整治,全国矿业秩序明显好转、企业规模化水平不断提高,但一些非煤矿山重点地区"一证多采"、乱采滥挖、偷采盗采,以及借非煤矿山名义开采煤炭等问题仍然较为严重。而这些正是造成井下互联互通,形成重大事故隐患、导致重特大事故发生的主要原因。

(二) 法治观念仍然淡薄,未批先建、不按设计施工、不经验收擅自投产、不按规定变更安全生产许可证等违法违规情况较为突出

中小矿山企业图实严重不符,尾矿库违规排放、擅自加高坝体,小型露天采石场"一面墙"开采等问题比较普遍。如甘肃省白银有色集团股份有限公司小铁山矿未批先建,云南昆明市东川区小江固体废物治理有限公司黄水菁尾矿库排洪方式与设计不符等。

(三) 多数企业仍然是传统经验管理

不少企业安全生产责任制照搬照抄、大而化之、一签了之,安全措施不务实、不完善、不落实;双重预防机制建设没有引起企业思想上的认同,企业"一把手"和领导班子不重视,企业领导班子和全体员工没有真正全程参与其中,对风险管控知识知之甚少,对风险状况

心中没数；标准化建设基本上成为档案化，没有真正在现场得以运行，更没有和双重预防机制建设相结合。

（四）从业人员素质仍然较低

绝大多数小矿山没有专业技术和管理人才，作业现场缺乏有效安全管理，工人培训不到位便上岗作业，习惯性违规违章较为普遍，从业人员自我保护意识差，出了事故盲目施救导致事故扩大屡见不鲜。全国小矿山占矿山总量的87.1%，这些小矿山多数设备、设施、工艺简陋，相当一部分仍在使用非阻燃电缆和非阻燃风筒等落后的工艺、装备和材料。截至2017年底，全国仍在使用非阻燃电缆（含强、弱电）857995米，仍在使用非阻燃风筒18014米，主要井巷仍在使用木支护12094米。

三、新形势下非煤矿山安全监管工作新思路、新举措

新形势下，全国非煤矿山安全生产工作要围绕安全治理体系和治理能力现代化，要坚持严格准入与淘汰落后、创新安全科技保障与推广先进适用技术装备、提升人员安全素质与构建安全预防控制体系、安全专项整治与防范化解重大安全风险、信息化建设与监管能力建设五个相结合，不断提高非煤矿山安全保障能力和监管监察科学化水平。

（一）全力加强双重预防机制建设

1. 要抓紧建立双重预防机制标准体系

各地要研究制定安全生产风险分级管控体系通则和非煤矿山实施细则，切实搞清楚如何评定重大风险、重大隐患，如何化解管控重大风险、治理重大隐患等重点问题。标准规范既要定性也要定量，不能仅凭经验、仅凭会商确定重大风险和重大隐患。

2. 要坚决把重大风险化解到位、管控到位，限期把重大隐患治理到位

企业要开展安全风险辨识评估，并建档立卡，形成数据库。要逐

一制定化解风险、管控风险的措施，落实化解和管控责任，切实做到安全风险心中有数、手里有招。要把重大风险作为检查执法的重点，确保企业切实把风险管控到位。

3. 要大力普及安全风险知识

双重预防机制能否落实到位，首要的是企业必须全面理解、掌握安全风险知识，要强化安全培训，举办企业主要负责人和安全管理人员专题培训班。强化执法检查，督促企业将安全风险知识作为教育培训重要内容，作为班前会重要内容，强力提升全员安全风险意识和风险评估、管控的能力。

(二) 加强安全监管法治建设

1. 要聚焦遏制重特大事故，强化精准执法

要加强调查研究，准确把握重特大事故发生的规律和特点，聚焦重大风险和重大隐患，制订执法计划，实施精准执法。要对建设项目开展专项执法行动，严厉打击长期停产停建矿山因价格好转而擅自复工复建行为，依法打击非法外包、转包等非法违法行为。

2. 要严格落实"四个一律"执法措施

要把严格执法贯穿安全监管工作全过程，对各类违法违规行为依法严格落实查封、扣押、停电、停水、停止火工品供应、吊销证照，以及停产整顿、上限处罚、关闭取缔、从严追责"四个一律"执法措施。

3. 要强化事故查处

要认真落实重大事故总局挂牌督办、较大事故省局挂牌督办、一般事故市局挂牌督办、典型事故提级调查处理制度。

4. 加强执法监督和执法考核

要按照监管职责，制订年度执法计划，写清楚检查重点对象、检查频次和重点执法任务。要强化执法统计、考核通报和效果评估，将执法情况纳入目标考核。要实行"一案双查"，在追究企业主体责任的

同时，对监管不到位、执法检查不严格不专业不落实甚至失职渎职的，要依纪依规严肃追责问责。

（三）全力实施专项整治工程

专项整治是安全生产领域补齐短板、强基固本的关键举措。首先，要紧紧抓住中央推进供给侧结构性改革、"三去一降一补"以及防治污染攻坚战的历史性机遇，联合有关部门对不符合最小开采规模标准的矿山、假整合和超层越界开采的矿山、位于自然保护区内的矿山、存在重大隐患无力整改的矿山，以及安全生产许可证有效期满不申请延期的矿山5类矿山，依法实施整顿关闭。其次，各地要结合实际制订整顿关闭计划，制定任务书、时间表，落实责任、强化检查督导，确保完成关闭1500座以上矿山的目标。

（四）全力加强安全准入建设

1. 要严把安全设施设计审批关，坚决做到"五个不批"

要认真学习贯彻非煤矿山安全设施设计编写提纲和有关法规标准，坚决不批不符合国家产业政策、达不到最小开采规模和最低服务年限标准的矿山；坚决不批矿区范围之间最小距离不足300米的小型露天采石场；坚决不批新的"头顶库"建设项目和"头顶库"加高扩容项目；坚决不批存在设计内容不全、深度不够和采用国家明令禁止使用的工艺、设备等问题的矿山；坚决不批没有经过有煤矿资质设计单位按照煤矿标准进行设计的煤系矿山。

2. 要严把从业人员安全素质准入关，坚决做到"三项岗位人员"配备不达标、素质不过关，不能生产、不能建设

要督促地下矿山企业配备采矿、地质、机电等专业工程技术人员。地下矿山新录用职工必须具有初中以上文化程度，并逐步实现从职业院校和技工院校相关专业毕业生中录用新职工。要着力提高安全教育培训的针对性和实用性，尤其对新录用及调整岗位的职工，或者采用新工艺、新技术、新设备、新材料时，要确保员工培训达标后再上岗。

第三节　化工及危险化学品领域安全生产工作

一、化工及危险化学品安全工作

（一）危险化学品安全生产形势持续稳定好转

在化工企业效益明显上升、市场需求旺盛、生产经营活动明显增加的情况下，经过各级安全监管部门的不断努力，全国安全生产形势持续稳定好转。2020年，全国共发生化工事故127起、死亡157人，同比减少16起、96人，分别下降11.2%、37.9%，安全生产形势保持稳定。

（二）危险化学品和烟花爆竹安全生产法律法规标准体系不断完善

"十一五"期间，完成了《烟花爆竹安全管理条例》的制定和《危险化学品安全管理条例》的修订工作，发布了2项有关危险化学品和烟花爆竹安全监管的部门规章，清理了279项法律法规和规范性文件，废止一批已经失效、不适应新形势需要的法规文件。逐步建立起危险化学品和烟花爆竹安全生产标准体系，编制完成危险化学品和烟花爆竹安全生产标准化发展规划，颁布了49项安全生产标准（包括危险化学品36项、烟花爆竹13项）。另外还制定了一批重要的规范性文件。为了指导各地依法履行好危险化学品和烟花爆竹安全监管职责，特别是做好国务院有关文件精神贯彻落实，制定了由国务院办公厅转发的《关于加强烟花爆竹安全监督管理工作的意见》，发布了2个有关危险化学品企业安全管理和安全生产标准化工作的指导意见。

（三）危险化学品和烟花爆竹安全监管工作体制机制初步形成

一是建立起覆盖全国的危险化学品和烟花爆竹安全监管体系。各省级安全监管局、大部分地市和重点县市区安全监管局都成立了专门的危险化学品安全监管机构，配备专人加强危险化学品安全监管工作。二是充分发挥科研单位和专业协会对危险化学品安全生产技术的支撑作用。安全监管总局在2006年初成立了中国化学品安全协会，安全监管总局建立了与20个化工专业协会的工作联系制度，加强了中国安全生产科学研究院和化学品登记中心的技术力量。各级安全监管部门在专项整治、安全检查、行政许可、事故调查和政策研究等专项工作中，积极发挥协会、学会等社会团体和专家作用。

（四）安全监管体制机制不断创新

危险化学品安全行政许可改革方案进一步完善提升，按照国务院"证照分离"改革要求，不断强化危险化学品安全审批。积极探索深化安全监管、深度执法检查、提升执法精准性有效性的方式方法。各地不断探索创新监管体制机制，印发危险化学品从业单位安全标准化等级评定细则及监督检查清单，实现安全标准化与监督执法有机融合，通过政府购买专业服务，提升企业安全发展水平。

二、面临的形势和挑战

化工在国民经济中占有重要地位，是基础产业和支柱产业，化工生产过程复杂，涉及的危险化学品易燃易爆、有毒有害，一旦发生事故，破坏力强、社会影响大。危险化学品安全是安全生产工作的重中之重，但是近年来的典型安全事故暴露出一些地方和企业安全发展理念不牢、法治意识不强、安全基础薄弱、本质安全水平不高、安全管理缺失等突出问题，危险化学品重大安全风险防控任务依然艰巨。

（一）安全生产形势依然复杂严峻

虽然，全国化工安全生产形势总体稳定向好，2018年全国较大以上危险化学品事故略有下降，但仍然多发，重大事故出现了反弹，特别是福建漳州"4·6"重大危险化学品爆炸火灾事故、山东东营"8·31"重大危险化学品爆炸事故，暴露的问题触目惊心。2019年江苏响水天嘉宜化工有限公司"3·21"特大爆炸事故，更是造成78人死亡，仅半月不到，全国多地又相继发生多起化工事故，凸显危险化学品安全生产形势仍然复杂、严峻。特别地，江苏响水事故死伤人数是近年来最多的事故，社会影响恶劣，化工安全生产工作任重道远。

（二）化工企业安全基础依然薄弱，科技装备水平有待提升

大部分中小化工企业安全意识薄弱，安全责任制流于形式，安全投入不足，工艺技术装置水平普遍落后，安全培训不到位，企业安全管理水平不高等问题普遍存在。随着石化企业"两化融合"和新型煤化工企业的发展，化工人才储备不足，高素质专业管理人员和操作人员缺乏问题依然突出。制约危险化学品安全状况的部分重大共性关节技术尚未取得突破性进展，工艺过程安全管理、仪表安全管理等先进的管理方法、手段推广应用不足，科技装备支撑作用发挥不够。

（三）经济发展新常态下危险化学品安全生产工作面临诸多挑战

一些地区、部门和企业安全生产基础薄弱问题尚未得到根本改变，影响危险化学品安全生产的深层次矛盾和问题没有破解，安全监管体制机制还有待完善和创新。同时，随着经济发展下行压力增大，全社会安全环保意识不断增强，化工产能严重过剩问题突出，企业安全生产投入减少，安全欠账时有发生，产品库存增加，人员队伍不稳定等新老问题叠化交织。随着城镇化与工业化进程不断加快，"城围化工""化工围城"现象将更加凸显。

三、新形势下危险化学品企业安全监管工作新思路、新举措

按照高质量发展要求，以防控系统性安全风险为重点，完善和落实安全生产责任和管理制度，建立安全隐患排查和安全预防控制体系，加强源头治理、综合治理、精准治理，着力解决基础性、源头性、瓶颈性问题，加快实现危险化学品安全生产治理体系和治理能力现代化，全面提升安全发展水平，推动安全生产形势持续稳定好转。

(一)强化危险化学品安全综合治理

要按照"党政同责、一岗双责、失职追责"和"管行业必须管安全、管业务必须管安全、管生产经营必须管安全"的要求,不断理顺危险化学品安全监管体制机制,形成全过程监管、无缝隙衔接、信息化支撑的工作局面,构建人防、物防、技防立体化的风险管控体系,夯实打牢基础,全面强化危险化学品安全管理工作。深化化工危险化学品整治,做好安全设计诊断、自动化改造与安全仪表配备完善、氯乙烯等易燃易爆有毒气体风险排查治理、氯碱行业安全提升、罐区等储存场所整治、特殊作业、充装安全、下水系统安全管理、涉氨企业安全治理工作。大力推进 HAZOP 风险排查、化工过程全要素管理、安全仪表系统功能安全管理、安全生产标准化、安全风险管控工作。

(二)提高危险化学品科技支撑能力

加快危险化学品安全生产领域基础理论和关键技术研究,组织开展化工园区多灾害耦合风险评估与防控、高危化工工艺事故监测预警与防控等关键技术研究。加快推进危险化学品安全技术成果转化,完善化工装置和危险化学品储存设施自动化控制系统,推动危险性大的装置设施装备安全仪表系统,提高化工危险化学品本质安全水平。加快推进危险化学品安全生产信息化建设,综合运用重大危险源在线监控预警等信息化手段,实施分级分类管理,建设重大危险源基础数据库,推进各地区、各部门、各企业健全危险化学品风险"一张图、一张表"建设,管控重大安全风险。开展油气管道高后果区实时视频监控,建立全国危险化学品管道数据库。

(三)强化危险化学品安全人才培养

完善化工安全复合型人才培养机制,建设化工安全人才培养基地,推进高素质、复合型化工安全专业人才培养,强化化工安全专业队伍建设。加强企业主要负责人教育培训,建立常态化培训考核机制,组织传统化工院校培训,提升企业安全管理人员综合能力,加大危险化学品重点地区化工职业教育,加大培养高技能产业工人。强化危险化学品安全监管人员专业能力建设,加强监管人员业务培训,改进监管方式方法,提升监管执法水平。充分利用社会资源,以政府购买专业化服务方式,聘请社会技术机构、行业协会等行业专家,助力化工安全监管,强化技术支撑。

第四节　交通运输领域安全生产工作

一、道路运输安全监管工作形势和挑战

(一) 道路运输安全监管主要工作举措

道路运输安全生产工作是交通运输管理工作的重中之重。党的十八大以来,道路运输安全生产工作以"平安交通"为统领,以改革发展为动力,以落实安全责任为核心,以防范和遏制重特大事故为目标,法规制度标准不断完善,安全责任体系不断健全,双重预防机制不断完善,安全监管能力不断提升,宣传教育培训不断加强,支撑保障基础不断夯实,安全生产形势总体稳定向好。

1. 强化综合治理,安全生产形势持续稳定好转

党的十八大以来,以遏制重特大道路运输事故为重点,推动和督促有关部门不断采取针对性措施,取得了显著成效。2013年,重特大道路运输事故首次降至20起以下,为16起。此后,重大道路运输事故起数始终保持在16起以下,并总体呈下降态势。

2. 加强顶层规划设计,推动道路运输安全工作全面开展

多部门深入推动落实《国务院关于加强道路交通安全工作的意见》《道路交通安全"十三五"规划》等文件。2017年,以国务院安全生产委员会名义印发的《道路交通安全"十三五"规划》,进一步加强道路运输安全顶层设计,推动各地省级人民政府加大统筹协调力度,大力推进道路运输安全工作全面开展。

3. 完善法律法规，有效提升道路运输安全法制化水平

完成修订《中华人民共和国公路法》等法律，推动颁布实施了《中华人民共和国刑法修正案（八）》《中华人民共和国刑法修正案（九）》，将醉酒驾驶、客运车辆和校车严重超员、严重超速、非法运输危险化学品等严重道路运输违法行为纳入刑法规范范围，大大增强了法律的震慑力。修订《道路运输条例》《道路交通安全法实施条例》《机动车交通事故强制保险条例》《缺陷汽车产品召回管理条例》等法规，进一步健全了道路运输安全法律法规体系。

4. 狠抓运输企业安全管理，严格落实安全生产主体责任

交通运输部牵头修订《道路旅客运输及客运站管理规定》《道路货物运输及站场管理规定》，制定实施了《道路旅客运输企业安全管理规范（试行）》，结合当前道路运输安全形势对运输企业提出更高要求。组织"两客一危"重点营运车辆安装使用具有行驶记录功能的卫星定位装置，出台了《道路运输车辆动态监督管理办法》。逐步实施减少800千米以上长途客运线路、规定长途客运车辆凌晨2时到5时必须停车休息或者实行接驳运输，有效防范长途客运车辆重特大事故。推动开展交通运输行业安全生产风险管理试点工作，实现安全管理工作重点由被动式堵漏洞向主动式预防控制转变。

（二）面临的形势和挑战

驾驶人违法违规问题突出，给道路运输安全带来较大隐患。超速行驶、超载超员、疲劳驾驶、不按规定路线行驶、站外揽客等违法违规问题依然突出。在重特大道路运输事故中，普遍存在驾驶人违法违规行为。如2017年陕西安康京昆高速"8·10"特别重大道路运输事故，就是一起典型的因驾驶人疲劳驾驶导致的交通事故；贵州省开阳县"4·17"重大道路运输事故，客运车辆存在超员、超速行驶的问题；广东惠州"7·6"重大道路运输事故，客运车辆存在超速行驶、不按规定线路停靠、站外揽客等问题；河南新乡"9·26"重大道路运输事故，驾驶人明知车辆技术性能不达标仍从事运输经营，且在雨天超速行驶，最终导致事故发生。同时，开车接打电话、收发短信微信等违法违规行为也普遍存在于各类车辆驾驶人中，容易造成驾驶人分心驾驶，引发道路运输事故。

道路运输环境发生改变，企业安全生产管理不到位。一方面，货运量、货运周转量逐年增长，货运经营者为获取更大利润，组织车辆盲目增加运输经营，而忽视了车辆、驾驶人的安全管理，由于货运车辆导致的事故日益增加，给道路运输安全带来了一定的压力；另一方面，随着综合运输体系的不断完善和快速发展，受到高铁、廉价航班、自驾等多样化出行方式的冲击，公路营运车辆客运量、周转量连续4年下降，给客运行业带来不利影响，客运行业的转型导致短时期内部分运输经营者经济效益下滑，势必造成部分企业安全管理松懈、安全生产投入减少，给道路运输安全带来新的挑战。

非法营运问题突出，部分运输企业安全生产主体责任不落实。部分运输企业安全管理混乱，安全管理制度和安全管理机构缺失，无专职安全生产管理人员，对其所属驾驶人和车辆的安全管理缺失，日常安全培训教育流于形式，班线客车非法从事旅游包车营运活动，非营运车辆从事道路运输活动。如2017年内蒙古呼伦贝尔"4·29"重大道路运输事故，旅游企业违规雇用班线客车从事旅游包车经营；江西鹰潭"5·15"重大道路运输事故，运输企业安全生产管理机构不健全，未配备专职安全管理人员，动态监控形同虚设，道路运输经营许可证过期后未及时办理手续，放任安全性能不符合技术标准的车辆从事运输经营；陕西安康京昆高速"8·10"特别重大道路运输事故，客运企业未组织动态监控人员开展培训，违规使用顶班车辆，对所属车辆多次超速、长时间疲劳驾驶等违法违规问题未及时纠正和报告监管部门。

部分地区道路安全基础薄弱，安全隐患未得到有效整改。近年来我国公路建设高速发展，2017年公路通车总里程达到477万千米，其中高速公路达到13.6万千米。我国早期建成的公路标准偏低，在道路运输车辆大型化、重型化的趋势下，公路安全防护能力和隐患治理能力上还存在一定差距。如陕西安康京昆高速"8·10"特别重大道路运输事故的发生地点为服务区桥梁与隧道连接端口，桥隧连接方式虽然符合公路建设时的相关标准，但在国家标准已经提高的情况下，桥隧过渡设置并未按照新标准开展安全隐患排查和治理。公路安全防护设施不规范，甚至出现施工单位未按照设计要求设置安防设施，而违规通过交、竣工验收的情况。如贵州省开阳县"4·17"重大道路运输事故发生地点的桥侧护栏等级偏低，明显无法起到安全防护作用；河南新乡"9·26"重大道路运输事故，存在发生路段未严格按照设计图纸施工，安全防护设施不健全，防护栏、隔离带达不到有关标准的问题。

二、水上交通和渔业安全监管工作形势和挑战

（一）安全生产现状

水上交通和渔业船舶安全形势总体稳定向好。2013—2017年，全国水上交通事故起数、死亡（失踪）人数持续下降，水上交通安全形势总体稳定，与上一个五年相比，事故起数、死亡（失踪）人数分别减少472起、457人，比例分别下降29.5%、28.9%。五年全国共发生水上交通事故1127起，死亡（失踪）112人。2017年与2013年相比，事故起数、死亡（失踪）人数分别减少66起、75人，比例分别下降25.2%、28.3%。在渔业船舶方面，五年全国共发生渔业船舶事故1208起，死亡（失踪）1120人。2017年与2013年相比，事故起数、死亡（失踪）人数分别减少117起、135人，比例分别下降40.8%、49.1%。

重点治理商渔船碰撞遏制重特大事故。推动相关部门加强信息共享和工作联动，形成商渔船防碰撞工作协同机制。推动海事、渔业部门完善商渔船事故调查制度，组织成立全国渔业安全事故调查专家委

员会，渔船推广安装使用船舶自动识别系统（AIS）取得新进展。

推动法律法规标准体系不断健全与完善。完成对《中华人民共和国海上交通安全法》等8部法律法规的制定修订工作；进一步完善船舶安全相关规范标准，特别是进一步评估和完善长江客船风压稳性衡准、拖轮试航标准等，提升了我国船舶安全标准。

持续推进专项整治堵塞安全漏洞。开展了水上交通安全"打非治违"、"六打六治"、渡口渡船、长江客运安全等一系列专项整治活动，针对安全隐患和薄弱环节，加大执法力度，疏堵结合，综合施治，成效显著。进一步强化事故督导，突出事故预防。对多起重大及典型水上交通和渔业船舶事故开展事故调查，细究原因，严肃问责，监督整改；认真吸取事故教训，查找并消除安全隐患，举一反三，未雨绸缪，推动水上交通和渔业船舶安全生产工作。

（二）面临现状和挑战

全球航运经济动荡导致航运企业两极分化现象日趋明显。在2016年海运运价创历史新低，航运企业破产、重组不断的背景下，2017年的航运市场进入动荡期，BDI指数虽然呈现震荡上升趋势，但是下行压力依然较大，特别是在12月12日达到全年最高点（1743点）后，20天内下跌了500点。一些大型央企、国有企业的安全管理水平较高，基本能够保持安全业绩稳定。大量的中小型企业为了在竞争激烈的航运市场生存，不得不以牺牲安全为代价，安全责任不能有效落实、安全投入不足、安全管理体系运行存在"两张皮"现象，导致事故不断发生。

船舶"代而不管"等现象暴露出航运公司存在安全主体责任落实不到位的情况。一些个体船舶为了满足法律法规中水路运输公司化运营的要求，委托其他公司管理或登记在其他公司名下经营，但实际运营的公司疏于管理，由个体所有人实际控制，管理水平和安全标准参差不齐，难以满足相关要求。例如，2017年9月19日，"天宇2"号轮与渔船碰撞致 10 人死亡（失踪）。事故发生后，船长未按规定首先报告船舶管理公司，而是联系了船舶所有人。管理公司获悉后，未按照体系要求指导船舶开展救助行动，未有效履行安全责任。此外，部分航运企业盲目追逐利润，忽视安全投入和安全培训教育，个别大型企业层级较多，安全触角很难落地生根，安全管理规定、措施等流于表面，存在安全隐患。

"渔港振兴"战略对渔船在港安全提出更高要求。伏季休渔期间，由于在港渔船数量多、渔船停靠紧密、船上值守人员少等不利因素叠加，渔船火灾、碰撞等安全隐患突出。如 2017 年 6 月 1 日，海南省临高县武莲渔港内 26 艘渔船失火，造成部分船舶全部损坏，直接经济损失 500 万元。另外，随着"乡村振兴"战略的实施，"渔港振兴"的战略目标亟待实现，但是渔港基础设施建设整体薄弱的现状与保障渔业安全生产的要求还存在一定差距。

休闲渔业等新兴产业安全监管缺失。随着渔业部门"减船减产"政策的继续推进，转方式、调结构在渔业生产方面的影响持续增大，2016 年全国休闲渔业产值达到 664.5 亿元、同比增长 35.8%，休闲渔业、生态渔业将是今后渔业发展的重要方向。已开发的休闲渔业项目，主要以赶海、垂钓、体验式捕鱼和海上观光为主，在经营管理上尚不规范，安全方面投入少、管理松，主要表现为船舶安全设施配备不齐、部分休闲船舶不符合相关标准、出海时未督促游客穿戴救生衣、未配备专门的安全员、救生艇缺失等，相关监管部门职责尚不明确，随着休闲渔业的快速发展，将进一步给安全监管工作带来压力。

三、新形势下安全监管工作新思路、新举措

（一）强化科技应用和法规标准提升，进一步提高营运车辆的安全技术水平

推动《中华人民共和国道路交通安全法》修订，从法律层面完善

各项交通违法行为的监管和处罚措施，进一步健全道路运输安全法律体系。配合有关部门督促企业严格执行国家标准《机动车运行安全技术条件》和交通运输行业标准《营运客车安全技术条件》，进一步提升营运客车安全技术性能。不断优化"两客一危"营运车辆动态监控系统考核指标及内容，并将考核结果与行政许可、监管执法等挂钩。适时对车辆有关标准进行制定修订，提高车辆安全技术性能。配合公安部、车辆生产行业主管部门、产品质量监督部门，加大对违规车辆产品通报、曝光和查处力度，依法追究违规企业法律责任。依照《中华人民共和国道路交通安全法》《中华人民共和国产品质量法》《缺陷汽车产品召回管理条例》等法律法规，对生产不合格的车辆产品依法实施召回。

（二）加大道路运输安全专项整治力度，进一步强化道路运输安全监管合力

进一步强化重点营运车辆联网联控，加大客运、危险货物运输安全监管力度，有效督促落实道路客货运输企业的安全生产主体责任，加大隐患排查治理和风险管控力度，推行大型客货车驾驶人职业教育，加强驾驶员安全意识、驾驶技能和应急处置的培训指导，切实提升客货运输驾驶人安全素质。修订完善《道路旅客运输企业安全管理规范》，进一步强化道路旅客运输企业安全监管，有效落实企业主体责任。完善道路运输企业安全生产"黑名单"制度，进一步强化道路运输源头管理。

（三）以安全诚信体系建设为平台，进一步推动航运企业和涉渔企业深化安全生产诚信理念

在航运企业和涉渔企业推进企业安全诚信建设，督促企业建立健全安全生产诚信制度，广泛接受社会监督，牢固树立诚实守信、依法治安的思想，深化安全诚信理念；进一步加大对企业法人及安全管理人员的安全管理考核培训力度，强化安全生产责任意识，深化安全生产自主管理，促进安全生产主体责任的落实和自我约束机制的形成；督促海事部门和渔业部门认真执行安全生产失信"黑名单"制度，对涉事企业开展联合惩戒。

（四）聚焦运行风险，深化安全隐患治理

严格管控航空公司运行风险，进一步健全安全管理体系，推动大数据应用，实现安全管理的科学化、系统化和精细化。严格管控空管运行风险，加大技术投入，抓好空中相撞和跑道侵入等重大风险管控。严格管控机场运行风险，结合国际民航组织新的全球跑道安全促进计划，制定实施新的中国民航跑道安全规划，加大技术防范力度，切实降低跑道安全风险。严格管控危险品航空运输风险，推进危险品航空运输安全管理体系建设，持续开展危险品航空运输安全综合治理，进一步加强危险品航空运输安全监管。

第五节　建筑施工领域安全生产工作

一、建筑施工安全生产现状

（一）事故概况

随着我国经济建设的快速发展，建筑业迅猛发展，因为建筑业自身的生产特点，危险性较大的作业多，建筑业成为我国生产安全事故多发、易发的高危行业之一。2013—2020年，我国建筑施工事故起数和伤亡人数总量仍然较大，持续保持在高位，安全生产形势十分严峻。

（二）主要工作措施

1. 开展专项整治和推动强化安全监管执法

针对建筑施工行业起重机械、脚手架坍塌事故多发频发，以及施工现场普遍不按方案施工的现状，近五年来，国务院安全生产委员会（办公室）连续组织或推动各地区、各相关部门在全国开展专项治理和强化执法检查。在专项整治期间，国务院安全生产委员会（办公室）、安全监管总局加强督查检查，共组织或参与各相关部门20余次专项整治检查。

2. 完善法律法规、标准及相关制度

推动出台《铁路建设工程质量管理规定》《关于促进建筑业持续健康发展的意见》《水利工程生产安全重大事故隐患判别标准（试行）》《电力建设施工安全监督管理办法》等10余部规章及重要的政策性文件，印发《隧道施工安全九条规定》《复杂地质条件下铁路建设安全风险防范若干措施》等文件。推动《沿海港口工程施工风险防控制度》《桥隧工程风险评估指南》《房屋建筑和市政基础设施项目工程总承包管理办法》等多部标准和制度修订。

3. 推动企业安全生产标准化创建

按照有关部署和要求，积极推动相关部门开展行业内安全生产标准化创建工作，分别推动了《电力工程建设项目安全生产标准化规范及达标评级标准（试行）》《关于联合组织公路水运建设项目平安工程冠名工作的通知》《建筑施工安全生产标准化考评暂行办法》等标准化工作的开展。

二、面临的形势和挑战

当前，我国经济增长从高速增长阶段转向高质量发展阶段，新型城镇化建设也正在加快推进，作为我国的支柱性产业，建筑业发展仍处于重要战略机遇期；但同时，我国建筑业发展方式依旧粗放，安全技术水平低，施工安全风险高。进入新时代，需要进一步分析建筑业面临的复杂形势和挑战，深刻认识对安全生产带来的影响，把握规律、主动应对、积极调整，以争取安全生产工作上的主动权。

（一）建筑业安全基础仍然相对薄弱

随着装配式建筑等新技术体系迅猛发展，工程总承包、BOT、PPP等市场经营方式不断创新，这些都对安全生产工作提出了更高要求。当前,建筑业总体技术水平不高,安全生产标准化、机械化、自动化、信息化不高,很多危险作业面和危险工序仍然依靠人工作业,施工风险较高。建筑业安全生产的突发性、复杂性仍然明显,把握性、可控性仍然不强,与新时代新要求新挑战还不匹配。例如,2017年发生的贵州省毕节市成贵铁路七扇岩隧道工程"5·2"瓦斯爆炸重大事故和云南省临沧市红豆杉隧道"6·21"中毒窒息较大事故中,均采用了施工风险相对较大的钻爆法,遇难者都是在隧道掌子面作业的工人。一些专业领域缺乏监管,特别是农村自建房工程,基本处于无监管状态,主要依靠农村包工头的个人经验施工,缺乏科学有效的指导监督,导致农村自建房工程事故多发。

(二) 建筑市场不规范从源头上带来风险

我国建筑业产值、房屋建筑施工面积连续10多年增长,建筑企业对资质、专业技术管理人员、劳务人员等的需求量也快速增加。但行业快速发展和建筑市场不规范的现象共存,市场良莠不齐、鱼龙混杂,一些建筑企业不履行基本建设程序、转包及违法分包、借用资质、人员挂靠、无证上岗等行为长期存在,从源头上带来了极高的安全风险。如广州中交集团南方总部基地项目"7·22"塔吊坍塌较大事故中存在违法分包行为。麻城市五脑山牡丹博览园综合楼"3·27"模板支撑体系坍塌较大事故中,施工单位未经审批报建手续违法施工,建设单位也没有按照规定聘请监理单位。陕西省汉中市杨家河水电站"5·2"引水隧道瓦斯爆炸较大事故中,项目部报备的安全员、施工员未到岗,现场施工员和安全员无相应职业资格。贵州省毕节市成贵铁路七扇岩隧道工程"5·2"瓦斯爆炸重大事故中,劳务队冒用其他公司名义与施工单位签订合同,承揽劳务。

(三) 施工现场安全管理水平低

一些施工现场管理混乱,安全管理机构、制度不健全;项目经理、总监理工程师脱岗甚至长期不在岗;项目部技术安全管理人员对作业班组缺乏有效指导，任凭班组长自行组织工人施工；一些工程总承包单位对分包施工单位缺乏管控，对安全管理的重点把控不严，过分依赖分包施工单位自身的安全管理；安全教育培训、技术交底等制度执行不严，施工专项方案落实不力。例如，广州市第七资源热力电厂"3·25"作业平台坍塌较大事故中，施工单位不按规定编制审批施工方案就开始施工。陕西省汉中市西乡县杨家河水电站"10·2"引水隧道瓦斯爆炸较大事故中，项目部未建立健全安全生产责任制，项目经理长期脱离岗位，总监理工程师、监理工程师均未到岗。一些地方"检查多、执法少"、执法"宽松软"现象比较普遍，企业违法违规行为得不到应有的惩处和纠正，法律法规、技术规范标准的各项要求在施工现场得不到有效落实，施工现场安全隐患众多。如麻城市五脑山国家森林公园仙山牡丹博览园"3·27"建筑施工较大坍塌事故中，施工单位在无资质、无人员、无管理的情况下违规违章建设，麻城市相关部门未按照职责实施有效监管，放任事故隐患长期存在。

三、新形势下安全监管工作新思路、新举措

（一）深入开展施工安全专项治理

在各地区、各专业工程建设领域深入开展建筑施工和隧道施工安全治理活动，建筑施工专项治理以建筑起重机械、深基坑、脚手架、高支模、电气火灾、作业平台等为重点，隧道施工以复杂地质条件下防坍塌、防瓦斯爆炸以及有毒有害气体为重点，切实加强风险管控，积极排查治理问题隐患。加大违法违规行为查处力度，依法严厉查处压缩合理工期、不履行法定建设程序、转包、违法分包和以包代管、违规挂证、无证上岗等行为，净化建筑市场环境。

（二）严肃事故调查处理和责任追究

要按照科学严谨、依法依规、实事求是、注重实效的原则，切实提高事故调查处理水平，从严从紧查处事故，严肃责任追究。继续落

实挂牌督办制度,把严肃事故调查处理和责任追究作为推动建筑业安全生产工作的一个重要抓手,落实安全生产领域联合惩戒"黑名单"制度,充分警示全行业,深刻吸取事故教训,举一反三。

（三）夯实安全生产基础

推动企业健全完善安全管理机构和规章制度,加快安全科技创新和管理创新,充分利用现代管理科学中的系统原理、人本原理、激励原理等,创新管理手段、监督方式、激励约束机制,构建风险管控和隐患排查双重预防机制,有效截断事故链条,提升事故防范能力。推动构建企业安全生产程序文化和员工主动报告文化,以"安全文化"推动"全员安全"。继续在公路水运建设行业领域开展"平安工程"创建活动。研究装配式建筑施工的安全风险点和有效管理措施,以及工程总承包、BOT、PPP等经营模式下安全管理的职责划分。推进安全生产标准化、机械化、信息化建设,减少危险作业岗位,提升行业本质安全水平。

第六节 消防安全领域安全生产工作

一、面临的形势和挑战

随着我国经济社会的快速发展和工业化、城镇化、市场化进程的进一步加快,高层建筑、地铁、地下空间,城市大型综合体、石油化工企业等数量剧增,这些场所建筑功能复杂、人员众多,管理难度大,致灾因素多,火灾风险高。同时,"城中村"、群租房、"三合一"、"多合一"等场所数量庞大,动态性火灾隐患量大面广,"整治、反弹、再整治、再反弹"问题突出,消防安全环境愈加复杂,管理难度加大,消防安全工作面临巨大的挑战。

（一）社会单位主体责任不落实

一些生产经营单位尤其是民营、中小企业消防安全主体责任不落实，消防安全管理不到位，制度不完善、不落实，防火检查巡查流于形式；消防安全投入不足，消防设施未按规范配置并保持完好有效；消防安全培训不到位，从业人员"一懂三会""四个能力"建设尚有较大差距；应急管理不到位，预案不完善，演练针对性不强；隐患排查治理不彻底，整治、反弹、再整治、再反弹的问题突出。

（二）一些地方安全发展理念不牢固

一些地方政府存在重经济发展、轻安全生产的思想，在城市规划、建设立项等工作中没有将安全放在第一的位置，缺乏"红线"意识，对于影响本地区安全的重大消防安全问题认识不清、重视不够、研究解决不力；违法建设、非法生产经营等严重违法违规行为时有发生，城乡接合部、"城中村"区域性消防安全隐患难以治理。一些地方行业部门对落实"一岗双责""管行业必须管安全"的要求认识还不到位，在组织行业消防安全专项治理等方面做得不够，对涉及消防安全审批事项的项目把关不严。

（三）工业化、城镇化、市场化快速发展给消防安全带来新问题

新工艺、新材料、新产品和新技术广泛应用，制造业、运输业、仓储业迅猛发展，集生产、储存、居住于一体的"三合一"场所大量存在，人流、物流增大，物流仓库、石油化工等易燃易爆企业规模扩大、危险程度增加，致灾因素和火灾危险源大量增多，火灾隐患整治难度大。随着城镇规模扩大、人口增加，"城中村"、城乡接合部火灾隐患大量存在，特别是高层、地下建筑大量增加，有的建筑消防安全设计标准不高，一些建设工程违规使用易燃可燃保温材料装饰装修等问题难以根治。

二、主要工作措施

消防安全责任制进一步完善。2017年，推动国务院办公厅印发《消防安全责任制实施办法》（以下简称《办法》），具体明确了乡镇人民政府、县级以上地方各级人民政府及其工作部门,以及机关、团体、企事业单位的消防安全职责,该《办法》通过责任目标考评、责任考核结果运用、前移责任追究的关口、加大火灾事故责任追究力度四方面举措保证消防安全责任落实到位。

消防领域专项治理不断深入。近年来,开展了劳动密集型企业消防安全、电气火灾、高层建筑消防安全等消防领域专项治理行动,重大消防安全隐患得到有效治理,火灾事故得到有效控制,全国消防安全形势进一步好转。

消防安全宣传教育不断强化。党的十八大以来,根据《关于推进消防安全宣传教育进机关进学校进社区进企业进农村进家庭进网站工作的指导意见》的要求,全国各地多形式、多渠道开展消防宣传,突出对老年人、妇女和儿童的消防安全教育,将消防安全教育纳入中小学课程。不断加强对社会单位消防安全责任人,消防安全管理人,消防控制室操作人员和消防设计、施工、监理人员及保安、电(气)焊工、消防技术服务机构从业人员的消防安全培训。消防法律法规和消防知识还被纳入了党政领导干部及公务员培训、职业培训、科普和普法教育内容。消防宣传教育已逐步深入社会基本单元、深入人心,社会各界和人民群众的消防法制意识、安全素质和参与消防工作的积极性不断提高。

省级政府消防考核持续开展。自2013年以来,根据国务院办公厅印发的《消防工作考核办法》,每年组织考核组对各省级政府年度消防工作情况进行考核,考核内容包括火灾预防、消防安全基础、消防安全责任三个部分;每年结合实际细化考核内容和评分标准,有效推动了地方政府消防安全责任落实和火灾隐患整治工作。各地党委、政府对消防工作的重视程度明显提升,消防安全责任制体系逐步完善,公共消防基础设施建设步伐加快,公众消防安全意识和自防自救能力明显增强,一大批严重危及公共安全的重大火灾隐患得到整治,全国火

灾形势保持了总体平稳。

三、新形势下安全监管工作新思路、新举措

做好新形势下消防安全工作，要从完善顶层制度设计、强化安全执法监管、开展安全生产专项治理、宣传安全教育等方面入手。

（一）认真贯彻《消防安全责任制实施办法》和《关于深化消防执法改革的意见》

切实落实消防安全责任，建立健全党政同责、一岗双责、齐抓共管、失职追责的消防安全责任制度，督促、指导地方各级政府切实履行好领导责任，认真研究解决本地区消防工作存在的突出问题，建立常态化火灾隐患排查整治机制，组织实施重大火灾隐患和区域性火灾隐患整治工作，健全消防工作协调机制，推动落实消防安全工作责任。推动简政放权，坚决破除消防监督管理中各种不合理的门槛和限制，简化审批流程，提升服务质量。充分发挥市场在资源配置中的决定性作用，做好简化审批与强化监管的有效衔接，落实"双随机、一公开"监管要求，加强和规范事中事后监管。

推动相关部门严格落实监督管理和支持保障责任，督促指导社会单位严格执行消防安全法规和标准，全面落实消防安全主体责任。

（二）强化消防安全执法监管

加强消防安全事中事后监管，制订年度执法计划，明确抽查范围、抽查事项和实施细则，合理确定抽查比例和频次，实施"双随机、一公开"监管。除年度检查计划外，针对火灾多发频发的行业和领域，适时开展集中专项整治。对检查发现的违法违规行为，依法依规严肃查处并将其纳入信用记录；对检查发现的火灾隐患，紧盯不放、督促整改；对隐患突出、有严重违法违规记录的单位，实施重点监管。建立消防举报投诉奖励制度，鼓励群众参与监督，对接到的投诉举报要及时核查并反馈。

（三）坚持简政放权、便民利企，取消消防技术服务机构资质许可

取消消防设施维护保养检测、消防安全评估机构资质许可制度，消防设施维护保养检测、消防安全评估机构的技术服务结论不再作为消防审批的前置条件，企业在办理营业执照后即可开展相关经营活动。消防部门要强化对消防技术服务准入的把关，制定消防技术服务机构从业条件和服务标准，引导加强行业自律、规范从业行为、落实主体责任。同时，加强对相关机构从业行为的执法检查，对不具备从业条件、弄虚作假、严重违法违规的消防技术服务机构和人员实行行业退出、永久禁入。

（四）深化人员密集场所消防安全治理

督促指导各地深入开展学校医院、宾馆饭店、商场市场、文化娱乐、社会福利机构，以及劳动密集型企业等人员密集场所的消防安全治理，重点突出消防安全责任体系、防火巡查检查、应急预案体系、从业人员培训教育和"四个能力"、装饰装修材料、电气线路敷设，以及电气设备安装使用维护、疏散通道和安全出口、安全指示标志、自动消防设施配置及维护保养等环节和内容，全面排查隐患，落实火灾防控措施。

（五）强化消防安全宣传教育

督促各地持续推进消防安全宣传教育进机关、进学校、进社区、进企业、进农村、进家庭、进网站的"七进"工作。充分利用广播电视、报纸杂志、宣传手册、主流媒体、门户网站和户外媒体等宣传阵地，广泛宣传消防安全法规、常识，大力普及安全用火、用电、用气、用油、燃放烟花和逃生自救等防火应急知识，集中曝光典型事故，提高公众消防安全意识和自防自救能力。督促社会单位加强对从业人员的消防安全培训教育，切实提高从业人员检查消除火灾隐患、扑救初起火灾、组织疏散逃生和宣传教育四种能力。

第三章 强化落实安全生产责任

责任制是安全生产的灵魂。党的十八大以来,习近平总书记多次就落实安全生产责任作出重要指示批示,落实安全生产责任制,要落实行业主管部门直接监管、安全监管部门综合监管、地方政府属地监管,坚持管行业必须管安全、管业务必须管安全、管生产必须管安全,而且要党政同责、一岗双责、齐抓共管。《中共中央国务院关于推进安全生产领域改革发展的意见》从明确地方党委和政府领导责任、明确部门监管责任、严格落实企业主体责任、健全责任考核机制、严格责任追究制度五个方面提出了明确要求,作出了制度化规定。

第一节 党委政府安全生产领导责任

一、党委政府安全生产领导责任的确立

长期以来,安全生产工作党政不同责,党政分管、分抓、分责现象较为普遍,党在安全生产工作中的领导作用被弱化。与此同时,政府负有监管企业的职责、承担监管失察的责任,事故被追责的职业风险高;政府分管领导地位相对较低,对安全生产工作的人、财、物保障相对较弱,安全生产"看起来重要、干起来次要、忙起来不要"。

党的十八以来,以习近平同志为核心的党中央全面加强党的领导。安全责任党政同责提出了新要求、新标准。习近平总书记指出,落实

安全生产责任制，要落实行业主管部门直接监管、安全监管部门综合监管、地方政府属地监管，坚持管行业必须管安全、管业务必须管安全、管生产必须管安全，而且要党政同责、一岗双责、齐抓共管。该担责任的时候不负责任，就会影响党和政府的威信。针对青岛"11·22"事故，习近平总书记作出重要指示，各级党委和政府、各级领导干部要牢固树立安全发展理念，始终把人民群众生命安全放在第一位。各地区、各部门、各类企业都要坚持安全生产高标准、严要求，招商引资、上项目要严把安全生产关，加大安全生产指标考核权重，实行安全生产和重大安全生产事故风险"一票否决"。安全责任重于泰山。要抓紧建立健全安全生产责任体系，党政"一把手"必须亲力亲为、亲自动手抓。要把安全责任落实到岗位、落实到人头，坚持管行业必须管安全、管业务必须管安全、管生产必须管安全，加强督促检查、严格考核奖惩，全面推进安全生产工作。针对天津滨海新区"8·12"事故，习近平总书记3天内两次作出重要指示，"确保安全生产、维护社会安定、保障人民群众安居乐业是各级党委和政府必须承担好的重要责任"，"各级党委和政府要牢固树立安全发展理念，坚持人民利益至上，始终把安全生产放在首要位置，切实维护人民群众生命财产安全。要坚决落实安全生产责任制，切实做到党政同责、一岗双责、失职追责"。

各地区、各部门以最坚决的态度贯彻落实习近平总书记关于安全生产的重要指示批示精神，所有省级党委和政府都制定了"党政同责"具体规定；所有省级政府主要负责人都担任安全生产委员会主任；所有省份都落实了"一岗双责"；加大安全生产在经济社会发展中的量化考核权重；每季度由各级安监机构向组织部门报送安全生产情况，并被纳入领导干部政绩业绩考核内容，安全生产齐抓共管的新格局已经形成。

2016年12月9日，《中共中央国务院关于推进安全生产领域改革发展的意见》印发，提出要"明确地方党委和政府领导责任。坚持党政同责、一岗双责、齐抓共管、失职追责，完善安全生产责任体系。地方各级党委和政府要始终把安全生产摆在重要位置，加强组织领导。党政主要负责人是本地区安全生产第一责任人，班子其他成员对分管范围内的安全生产工作负领导责任。地方各级安全生产委员会主任由政府主要负责人担任，成员由同级党委和政府及相关部门负责人组成"，并对地方各级党委和政府的安全生产职责提出了具体要求。

2018年1月23日，中央全面深化改革领导小组第二次会议审议通过的《地方党政领导干部安全生产责任制规定》进一步强调，实行地方党政领导干部安全生产责任制，要坚持党政同责、一岗双责、齐抓共管、失职追责，牢固树立发展决不能以牺牲安全为代价的红线意识，明确地方党政领导干部主要安全生产职责，综合运用巡查督查、考核考察、激励惩戒等措施，强化地方各级党政领导干部"促一方发展、保一方平安"的政治责任。

二、党委政府安全生产领导责任的内涵

"党政同责"，就是党政部门及干部共同担当、共同负责安全生产工作。"一岗双责"是指相关人员不仅要对所在岗位承担的具体工作负责，还要对所在岗位或部门相应的安全生产工作负责，做到同研究、同规划、同布置、同检查、同考核、同问责，真正做到党政工作"两手抓、两手都要硬"，使两方面工作齐头并进。

（一）党委安全生产领导责任

地方各级党委要认真贯彻执行党的安全生产方针，在统揽本地区经济社会发展全局中同步推进安全生产工作，定期研究决定安全生产重大问题。加强安全生产监管机构领导班子、干部队伍建设。严格安全生产履职绩效考核和失职责任追究。强化安全生产宣传教育和舆论引导。发挥人大对安全生产工作的监督促进作用、政协对安全生产工

作的民主监督作用。推动组织、宣传、政法、机构编制等单位支持保障安全生产工作。动员社会各界积极参与、支持、监督安全生产工作。

(二) 政府安全生产领导责任

地方各级政府要把安全生产纳入经济社会发展总体规划中，制定实施安全生产专项规划，健全安全投入保障制度。及时研究部署安全生产工作，严格落实属地监管责任。充分发挥安全生产委员会作用，实施安全生产责任目标管理。建立安全生产巡查制度，督促各部门和下级政府履职尽责。加强安全生产监管执法能力建设，推进安全科技创新，提升信息化管理水平。严格安全准入标准，指导管控安全风险，督促整治重大隐患，强化源头治理。加强应急管理，完善安全生产应急救援体系。依法依规开展事故调查处理，督促落实问题整改。

(三) 各地区的创新实践

北京市坚持高位统筹，制度先行，制定实施了《北京市党政领导干部安全生产责任制实施细则》，在全市筑牢织密安全责任体系，形成独具特色的工作经验。其中，西城区大力弘扬以"绝对忠诚、责任担当、首善标准"为内核的红线意识，将安全生产工作责任纳入《区委书记工作手册》，细化明确党政主要负责人的安全生产领导责任和各级各部门安全生产职责，构建定责、履职、考责、追责闭环体系；健全完善安全生产委员会季度例会、部门安全生产联席会议和街道安全生产联席会议等工作机制；开展安全生产重点项目督查，印发了《西城区安全生产督察工作规范》，推动安全生产督察工作科学化、规范化、制度化。

上海市将履职情况列入党代表考察。各级党委、政府把安全生产纳入议事日程和工作报告内容，将推进区域安全发展、补齐城市安全短板纳入党委、政府综合督查内容。将安全生产"一岗双责"履职情况和安全生产考核结果纳入党政领导干部年度考核、绩效考核、经济责任审计、任职考察等，将安全生产纳入精神文明建设、党风廉政建设、社会治安综合治理等工作体系，建立与全面建成小康社会相适应和体现安全发展水平的考核评价体系。强化安全生产宣传教育、舆论引导和城市安全文化建设，将安全发展理念和安全生产法律法规政策纳入各级党委中心组理论学习内容和各级党政领导干部教育培训内容。在人大代表候选人推荐提名、政协委员人选协商提名和党代表推荐提名工作中，对负有安全生产法定职责的有关人选，将履行安全生产法定职责情况列入考察内容。

甘肃省强调重视选人用人。各级党委切实重视安全生产监督管理部门的领导班子和干部队伍建设，配齐配强领导班子和监管人员，切实把有强烈事业心和责任感、有实践经验、有较强组织能力和专业知识的干部选配到各级安全监管部门领导班子中。对在安监部门任职时间长、工作表现出色、贡献突出的干部，要重视培养，及时选拔重用，形成良好的用人导向。组织部门要指导和支持安全监管部门建立完善干部培养、选拔、交流、奖惩机制，选派优秀年轻的安全监管干部到基层和企业任职或挂职锻炼，选调企业优秀年轻干部到安全监管部门任职或挂职学习。

广东省明确研究安全工作频率。各地级以上市党委、政府每半年至少召开一次常委会会议、常务会议研究安全生产工作。县（市、区）党委、政府每季度至少召开一次常委会会议、常务会议研究安全生产工作。乡镇（街道）党委、政府每月至少研究一次安全生产工作。

贵州省杜绝"末位""挂职"分管安全生产。各级党委和政府主要领导同志对安全生产工作担负总责、分管领导同志具体负责、其他班子成员"一岗双责"，杜绝"末位""挂职"分管安全生产。各级政府要结合实际调整充实安全生产委员会组成部门及其职能职责，在安全生产委员会下设立矿山、道路运输、建筑施工、特种设备、危险化学品和烟花爆竹、油气化管道、民爆物品、消防和人员密集场所等若干安全生产专业委员会，由同级政府分管负责人担任主任，分级分口负责重点行业、领域、区域和时段的安全生产工作。

吉林省建立党委督查制度。各级党委统揽全局、同步推进，定期研究解决安全生产重大问题，明确1名常委负责联系安全生产工作。建立党委安全生产督查制度，对党委、政府领导成员落实安全生产责任制情况进行督查检查。省、市、县三级在"三定"规定中明确各部门安全生产和职业健康工作职责、机构、编制，实现监管职责法定化。

三、地方党委、政府安全生产领导责任巡查考核和问责

（一）对地方党委、政府安全生产责任的巡查、考核

2016年1月25日，国务院安全生产委员会印发《安全生产巡查工作制度》，国务院安全生产委员会定期或不定期派出安全生产巡查组，对各省级人民政府安全生产工作进行巡查，根据工作需要，可延伸巡查市（地）、县级人民政府和有关重点企业。巡查工作的主要内容有：一是贯彻落实党中央、国务院关于安全生产工作的重要决策部署和习近平总书记、李克强总理等党中央、国务院领导同志关于加强安全生产工作的系列重要指示批示精神情况；二是安全生产规划、职业病防治规划的制定和实施情况，加强安全基础建设，坚持标本兼治、综合治理，落实安全投入，实施"科技强安"，强化安全培训，不断提高安全风险预防控制能力等情况；三是按照"党政同责、一岗双责、失职追责"的要求，落实属地管理责任、部门监管责任和企业主体责任，强化安全生产工作目标考核，落实国务院安全生产委员会印发的年度工作要点等情况；四是依法依规组织开展"打非治违"、重点行业领域专项整治，重大隐患排查整治，安全风险辨识、重大危险源管控等情况；五是完善安全生产监管体制，强化安全执法力量，加强监管监察能力建设和应急管理工作，落实监管执法保障措施等情况；六是全面推进安全生产领域信用体系建设，开展安全生产标准化建设，建立隐患排查治理制度等情况；七是依法依规调查处理各类生产安全事

故，落实责任追究和整改措施，开展安全生产统计，及时地如实报送事故信息等情况；八是有关安全生产举报信息的核查处理情况；九是国务院安全生产委员会部署的其他事项落实情况。

2016年8月12日，国务院办公厅印发了《省级政府安全生产工作考核办法》。其中，对省级政府安全生产工作的考核内容包括以下方面：一是健全责任体系。坚持管行业必须管安全、管业务必须管安全、管生产经营必须管安全，明确和落实党委和政府领导责任、部门监管责任、企业主体责任，强化属地管理，严格工作考核，切实做到"党政同责、一岗双责、失职追责"。二是推进依法治理。坚持有法必依、执法必严、违法必究，严格执行安全生产法律法规，完善地方安全生产法规规章和标准体系，加强安全生产监管执法能力建设，依法依规查处各类生产安全事故。三是完善体制机制。健全安全生产监管执法机构，强化基层监管执法力量，落实监管执法经费、装备，创新监管机制，提高执法效能，健全安全生产应急救援管理体系。四是加强安全预防。建立和落实安全风险分级管控与隐患排查治理双重预防性工作机制，深入推进企业安全生产标准化建设，积极实施安全保障能力提升工程。五是强化基础建设。加大安全投入，提高安全科技和信息化水平，加强安全宣传教育培训，发挥市场机制推动作用，筑牢安全生产和职业卫生基础。六是防范遏制事故。加强重点行业领域事故防控，生产安全事故起数、死亡人数进一步减少，重特大事故得到有效遏制。在具体考核过程中，国务院安全生产委员会根据当年的工作重点印发《省级政府安全生产工作考核细则》，以确保各级党政部门根据不同的历史时期、不同的社会发展阶段，针对不同情况、不同事项，建立不同内容的"共管""双责"和"同责"责任制，保证日常工作共管化、双责化、同责化。

（二）对地方党委、政府安全生产责任的问责

当前，对地方党政领导干部安全生产责任的问责已形成制度化、

常态化工作机制。党的十八大以来,党中央和国务院本着对国家和人民高度负责的态度,对重特大生产安全事故依法严格追责、严厉问责、严肃查处,一大批地方党政领导干部因此被处分、撤职。

2019年3月21日,江苏省盐城市响水县生态化工园区的天嘉宜化工有限公司发生特别重大爆炸事故,造成78人死亡、76人重伤,640人住院治疗,直接经济损失198635.07万元。江苏省纪检监察机关按照干部管理权限,依规、依纪、依法对事故中涉嫌违纪违法问题的61名公职人员进行严肃问责。同时,江苏省对该事故中存在失职失责问题的响水县、盐城市和省应急管理厅、生态环境厅等单位46名公职人员进行了严肃问责。

2020年3月7日,福建省泉州市鲤城区的欣佳酒店所在建筑物发生坍塌事故,造成29人死亡、42人受伤,直接经济损失5794万元。福建省纪检监察机关按照干部管理权限,经福建省委批准、中央纪委国家监委同意,对事故中涉嫌违纪、职务违法、职务犯罪的49名公职人员严肃追责问责,对该起事故中存在失职失责问题的41名公职人员给予党纪政务处分,1人予以诫勉。

四、落实安全生产领导责任过程中存在的问题

(一)地方党政领导干部安全生产责任制度不完善

缺乏常态化的机制来提高地方党政领导干部的安全生产履职能力。安全生产工作相对专业,对地方党政领导干部的履职能力有较高的要求。在安全生产领域,"换届年"是一个较为敏感的时段,容易出现抓安全生产工作组织领导不到位,工作责任不落实,监管措施不力,目标任务不明确,工作脱节等,从而导致安全监管工作出现"盲区"和"空档"。因此,不仅要加强机制建设,保证平稳过渡,还要对地方党政领导干部加强安全生产培训,在增强其责任意识的同时,全面了解掌握安全生产工作的相关政策和方式方法,提高履职能力。

对地方党政领导干部安全生产责任的规定尚未上升到法律法规层面。目前，只有宁夏和甘肃以地方政府规章的形式规定了地方政府的安全生产职责，其余省份多是以地方规范性文件的形式提出相关要求，且重职责要求、轻责任追究。对于地方党委领导干部安全生产职责的规定仅见于"党政同责"等相关规范性文件中，相关的考核工作尚为空白。

（二）巡查、问责机制不健全

安全生产巡查层级偏低。2016年1月，国务院安全生产委员会发布实施《安全生产巡查工作制度》，实现了安全生产领域巡视工作的制度化。但是，与中央环保督查常态化相比，安全生产巡查在力度和级别方面都略显不足，安全生产巡查每两年才能实现各省份"全覆盖"一次。

问责起点高。近年来，安全生产领域党政领导干部问责往往局限在重大事故责任追究上。目前，我国党政领导干部问责大部分属于被动受理，对那些存在隐患的行业和领域，问责主体几乎没有主动地启动过问责机制。

问责过程和结果不透明。在安全生产监管中，出现重大过失或事故，相关具体责任人和主管领导需要承担相应的责任，即法律责任（包括刑事责任、行政责任、民事责任）、政治责任、民主责任和道义责任。在实践中，往往是以政治责任、民主责任、道义责任代替法律责任，有避重就轻、开脱责任之嫌，有违社会公正。此外，以"从快从重"的处理方式来表现责任机关对相应事件的重视，说明我国责任机关对党政领导干部问责的理解错误，不利于问责制走向制度化、规范化。

第二节　政府相关部门安全生产监管责任

一、政府安全生产监管责任的主要内容

当前，我国政府安全生产监管责任体系及其主要内容如下。

（一）政府的责任

县级以上人民政府应当落实安全生产工作责任制，履行下列职责：一是将安全生产纳入国民经济和社会发展总体规划，制定专项规划并组织实施；二是建立健全安全生产协调机制，定期研究部署安全生产工作，及时协调、解决相关重大问题；三是建立健全安全生产行政责任制，实施安全生产目标责任管理，确保工作所需经费；四是建立安全生产巡查制度，督促本级人民政府有关主管部门和下级人民政府加强安全生产工作；五是建立安全风险管控和隐患排查治理双重预防体系，组织有关主管部门对本行政区域内容易发生重大生产安全事故的生产经营单位进行监督检查，督促整治重大事故隐患，依法关闭违法生产经营单位；六是加强安全生产监管执法能力和服务体系建设，提升信息化管理水平；七是建立健全生产安全事故应急救援体系，组织有关主管部门制定事故应急救援预案，并按照预案要求组织应急救援，依法开展事故调查处理；八是法律法规等规定的其他职责。

县级以上人民政府安全生产委员会应当研究提出年度安全生产管理目标任务，定期召开全体会议，研究并协调解决安全生产工作中存在的重大问题，安排部署安全生产工作。安全生产监督管理部门承担本级安全生产委员会的日常工作，负责指导协调、监督检查、巡查考核本级人民政府有关主管部门和下级人民政府的安全生产工作。

乡（镇）人民政府和街道办事处应当加强对本行政区域内生产经营单位安全生产状况的监督检查，协助上级人民政府有关主管部门依法履行安全生产监督管理职责。

开发区、工业园区等各类园区管理机构负责管理区域内的安全生产工作，按照有关规定履行安全生产管理职责。

（二）负有安全生产监督管理职责的部门的责任

应急管理部门对安全生产工作实施综合监督管理，负责安全生产政策规划拟定、执法监督、事故调查处理、应急救援管理、统计分析、宣传教育培训等综合性工作；承担非煤矿山、烟花爆竹生产经营、金属冶炼、危险化学品生产经营、储存和化工企业使用危险化学品的安全监督管理；负责煤矿、建材、机械、轻工、纺织、烟草、消防等行业、领域安全生产监督管理，负责统筹协调、指导事故灾难应急管理，指导协调应急预案、应急体制机制和应急法制建设；指导协调应急救援队伍、装备、基地建设，协调组织开展综合性应急演练，指导本行政区域内的应急演练工作。

负有安全生产监督管理职责的下列部门依照有关法律法规等规定，在各自职责范围内对有关行业、领域的安全生产工作实施监督管理。

发展改革部门负责将安全生产工作纳入国民经济与社会发展规划和计划中；在新建建设项目审批、核准时，督促生产经营单位落实安全生产措施；承担煤炭行业管理，指导煤矿企业安全生产管理工作；按照职责分工，对不符合有关矿山工业发展规划和总体规划、不符合产业政策、布局不合理等矿井关闭情况进行监督和指导，负责指导、监督有关单位依法履行石油、天然气长输管道保护义务。

经济和信息化部门负责指导工业安全生产管理工作，负责民用爆炸物品生产、销售和地方电力（如综合利用自备电厂、增量配电网等）建设运营的安全生产监督管理，承担铁路运输协调及铁路道口安全、专用线管理工作；按照职责分工，负责危险化学品生产、储存的行业规划和布局，承担工业应急管理，指导重点行业排查治理事故隐患；在工业技术改造项目审批、核准时，督促生产经营单位落实安全生产措施。

公安机关负责道路交通、民用爆炸物品购买、运输和爆破作业、烟花爆竹运输、焰火晚会，以及其他大型焰火燃放活动的安全监督管理；对购买剧毒化学品、剧毒化学品道路运输实施监督管理，负责危险化学品运输车辆的道路交通安全管理。

交通运输部门负责道路、水上交通运输行业安全监督管理，渔船检验和监督管理，对公路、水路建设工程安全生产实施监督管理，督导、协调公路安全保障工作；对危险货物道路运输、水路运输安全实施监督管理，承担地方铁路（除铁路道口、专用线外）和通用机场建设的安全监督管理工作。

自然资源部门负责矿业秩序整顿和资源整合工作，负责查处无证勘查、无证开采、以探代采、超越批准的矿区范围采矿等违法行为；按照职责分工，负责对无采矿许可证、超层越界开采、资源接近枯竭、不符合矿产资源规划等矿井的关闭工作及对关闭是否到位情况进行监督和指导，会同相关部门组织指导并监督检查废弃矿井的恢复治理工作。

住房城乡建设部门负责职责范围内建设工程的安全监督管理（铁路、交通、水利、民航、电力、通信专业建设工程除外）；承担建筑施工、安装、装修、勘察、设计、监理等建筑业的安全监督管理，负责职责范围内国有土地上房屋征收的安全监督管理；负责市政基础设施、城市燃气、园林绿化和公共避难场所的安全监督管理，承担地下管线工作的综合监督管理。

商务部门按照职责指导、督促商场、餐饮、住宿等商贸服务业的安全生产管理工作，对拍卖、典当、租赁、物流、成品油流通、汽车流通、旧货流通行业等实施安全监督管理；协调、配合有关主管部门对大型会展活动进行安全监督管理，会同有关主管部门指导、督促境内投资主体加强合资合作项目的安全生产工作。

市场监督管理部门负责锅炉、压力容器等特种设备的安全监督管理，并对用于安全防护的计量器具实施监督管理；依法对安全生产检验检测机构和烟花爆竹产品质量实施监督管理，负责对保障劳动安全的产品、影响生产安全的产品质量实施监督管理，负责危险化学品及其包装物、容器的工业产品生产许可证的管理工作。

教育部门按照职责负责各类学校（含幼儿园）的安全监督管理，督促学校加强对师生的安全教育；会同有关主管部门建立完善中小学安全教育和高危行业职业安全教育体系，会同有关主管部门依法做好校车安全监督管理工作。

水利部门负责水利行业安全生产工作，负责水利建设工程以及水利工程设施的安全监督管理，负责牵头河道采砂安全监督管理工作，保障防洪安全、河势稳定和堤防安全。

农业农村部门负责种植业、畜牧业、渔业等农业行业安全生产工作，承担农药、农村沼气、农业机械和农村合作经济组织的安全生产监督管理。

生态和环境保护部门负责辐射安全的监督管理，组织、协调核与辐射应急管理工作；负责危险废物处置和放射性物品运输的环境安全监督管理；负责环境污染防治设施运行情况的监督检查，对突发环境事件的环境影响程度进行监测评估。

文化和旅游部门负责对文化市场安全生产工作实施监督管理，依法对文化娱乐场所、营业性演出和文化艺术经营活动执行有关安全生产法律法规的情况进行监督检查，会同有关主管部门实施旅游安全综合监管，指导应急管理工作；承担旅行社的安全监督管理工作，依法对旅游景区、度假区、星级饭店等旅游经营者进行安全监督管理。

卫生健康部门按照职责分工，负责职业安全健康监督管理工作，负责对职业健康检查、职业病诊断及鉴定等职业卫生相关工作进行监督管理；督促指导、监督检查医疗卫生机构、计划生育技术服务机构的安全管理工作，做好医疗废物疾病防治和放射性物品安全处置的管理工作；协调指导生产安全事故的医疗卫生救援工作，对重特大生产安全事故组织实施紧急医学救援，负责对职责范围内建设项目职业病防护设施的监督检查。

广播电视部门负责新闻出版广播影视机构的安全监督管理，制定新闻出版广播影视有关安全制度和突发事件应急预案并组织实施；督促新闻出版广播影视机构做好安全生产公益宣传教育工作，对安全生产违法行为进行舆论监督。

林业和草原部门依法履行林业、草原安全生产监督管理职责，负责对林区、林场、自然保护区、风景名胜区、自然遗产、地质公园等单位实施安全监督管理。

体育部门负责公共体育设施安全运行的监督管理，负责经营高危险性体育项目的安全监督管理，会同有关主管部门做好体育赛事和活动的安全管理工作。

民政部门负责救助、养老、儿童福利和殡葬服务等社会福利服务机构的安全监督管理工作。

司法行政部门负责监狱、司法行政系统戒毒场所的安全管理工作，负责将安全生产法律法规纳入公民普法计划，会同有关主管部门广泛宣传普及安全生产法律法规知识。

粮食、供销、邮政管理、民航、煤矿安全监察等有关单位依照有关法律法规等规定，对本行业、本领域的安全生产工作履行监管监察职责。

（三）其他部门的安全生产管理职责

财政部门负责完善安全生产财政保障机制，支持安全生产预防、重大事故隐患治理和监管监察能力建设等工作；会同安全生产监督管理等部门对企业安全费用提取使用情况进行监督管理，并配合安全生产监督管理部门做好年度安全生产目标管理考核表彰工作。

人力资源社会保障部门负责将安全生产纳入农民工技能培训内容中，监督发生伤亡事故的非参保单位或者非法用工单位依法履行赔偿义务；会同财政、安全生产监督管理等部门修订完善工伤预防费用使用管理办法；依据职业病诊断结果，做好职业病人的社会保障工作。

国有资产监督管理部门负责督促、检查国有企业落实安全生产主体责任，将安全生产纳入国有企业负责人经营业绩考核，参与对国有企业的安全生产督查检查。

市场监督管理部门负责在企业登记中对涉及安全生产的前置许可要件依法进行审查，依法核发危险化学品、烟花爆竹生产、经营、运输单位营业执照，以及变更、注销登记，配合有关主管部门依法查处、取缔未经安全生产（经营）许可的企业。

科技部门负责将安全生产科技进步纳入科技发展规划和财政科技计划并组织实施，支持安全生产技术的研究、开发和示范，推动安全生产科技进步；引导企业增加安全生产研发资金投入，牵头负责新产品、新工艺、新技术安全可靠性的论证和推广。

规划部门在组织编制和审查城市总体规划和详细规划时，对相关安全内容进行评估论证，并在规划管理中予以落实。

税务部门负责执行高危行业企业安全生产费用企业所得税税前扣除、安全生产专用设备投资抵免企业所得税优惠政策。

司法部门负责审查有关安全生产地方性法规、政府规章草案，办理安全生产行政复议案件。

海关和金融工作部门（含金融工作机构、人民银行、银保局、证监局）等政府有关主管部门、机构依照有关法律法规等规定，在职责范围内履行安全生产管理职责。

（四）政府有关主管部门主要负责人的安全生产管理职责

组织实施安全生产的法律、法规、规章和政策措施，定期研究部署安全生产工作，协调解决本行业、本系统的重大安全生产问题。

（五）责任追究

各级人民政府及其有关主管部门有下列情形之一的，应当予以警示通报，并对相关责任人实行问责；构成犯罪的，依法追究刑事责任。一是本行政区域或者本行业、本领域发生较大以上生产安全事故或者生产安全事故造成恶劣影响的；二是本行政区域或者本行业、本领域连续发生生产安全事故且影响重大的；三是本行政区域或者本行业、本领域生产安全事故发生起数和死亡人数超过年度安全生产控制考核指标的；四是不执行生产安全事故隐患挂牌督办指令的；五是违反规定干预安全生产，造成生产安全事故发生的；六是未能有效组织生产安全事故应急救援，致使人员伤亡或者财产损失加重的；七是拒报、瞒报、谎报、拖延不报生产安全事故的；八是不落实生产安全事故责任追究的；九是法律法规等规定的其他情形。

相关责任人有下列行为之一的，给予警告、记过或者记大过处分；情节较重的，给予降级或者撤职处分；情节严重的，给予开除处分；构成犯罪的，依法追究刑事责任。一是不执行安全生产法律、法规、规章、方针、政策以及上级机关、主管部门有关安全生产的决定、命令、指示的；二是制定或者采取与安全生产法律、法规、规章、方针、政策相抵触的规定或者措施，造成不良后果或者经上级机关、有关主管部门指出仍不改正的；三是未按规定督促落实相关生产经营单位依法设置安全生产管理机构、配备安全生产管理人员、保证经费投入，造成严重后果的；四是违法委托单位或者个人实施有关安全生产的行政许可或者审批的；五是批准向合法的生产经营单位或者经营者超量提供剧毒品、火工品等危险物资，造成危害后果的；六是批准向非法或者不具备安全生产条件的生产经营单位或者经营者，提供剧毒品、火工品等危险物资或者其他生产经营条件的；七是对发生的生产安全事故拒报、瞒报、谎报、拖延不报或者组织、参与拒报、瞒报、谎报、拖延不报的；八是生产安全事故发生后，不及时组织抢救的；九是拒绝接受调查或者拒绝提供有关情况和资料的；十是阻挠、干涉生产安全事故调查工作的；十一是在生产安全事故调查中做伪证或者指使他人做伪证的。

相关责任人有下列行为之一的，给予降级或者撤职处分；构成犯罪的，依法追究刑事责任。一是对不符合法定安全生产条件、涉及安全生产的事项予以批准或者验收通过的；二是发现未依法取得批准、验收的单位擅自从事有关活动或者接到举报后不予取缔，或者不依法予以处理的；三是对已经依法取得批准的单位不履行监督管理职责，发现不再具备安全生产条件而不撤销原批准或者发现安全生产违法行为不予查处的；四是在监督检查中发现重大事故隐患，不依法及时处理的。

对相关责任人的行政责任追究实行跟踪责任追究制度。已调离工作岗位的相关责任人在任职期间有责任追究情形的，应当依法追究行政责任。

二、落实政府安全监管责任存在的问题与困境

（一）部门监管职责仍不清晰且缺少法定支持

职责法定是推进依法行政的前提。然而，安全生产相关法律法规和部门"三定"方案的制定修订滞后，还没有在法制层面明确党委、政府及相关部门的安全监管责任和权力。个别部门由此拒绝承担对分管行业领域的安全监管职责。安全生产综合监管和行业监管之间，仍然界限不清。综合监管部门仍直接承担大量行业监管事务，不能集中精力履行综合监管职责。另外，有的行业领域归属多个部门管理，部门职责边界不清，沟通协调机制不完善，存在职责交叉、监管缝隙等问题。

（二）追责机制不完善，追责不到位

现有的刑法责任追究只有在导致一定程度的事故结果时才能适用，对事故前的责任追究震慑力不足，导致一些企业逐利而往，违法行为屡禁不止。事后的查处又偏重追究政府和监管人员责任，对企业追责力度不够，失之于宽软，没有突出企业主体责任，该判实刑的没有判，"各打五十大板"，弱化了责任追究的惩戒作用。

第三节 企业安全生产主体责任

一、企业安全生产主体责任的内涵

从法学研究的角度看，安全生产主体责任是指生产经营单位，按

照安全生产相关法律法规、规章及强制性标准的规定履行相应的职责或要求，并对未履行安全生产职责或违反相关要求所导致的后果承担相应的民事赔偿、行政处罚和刑事处罚。从构成要素上讲，安全生产主体责任包含职责要求和归责两部分。

（一）企业安全生产职责

《中华人民共和国安全生产法》第二章共计32条规定了企业的安全生产职责，主要涉及企业安全生产条件基本要求；主要负责人安全生产职责；安全生产责任制；安全投入；安全管理机构设置和人员配备及其职责和履职保障；企业主要负责人和安全管理人员能力素质要求；注册安全工程师制度；企业对从业人员、实习生、劳务派遣人员的安全生产教育培训；企业采用新工艺、新技术、新材料、新设备时的安全保障义务；特种人员管理；建设项目安全管理；对设备设施、生产经营场所、工艺的安全要求；严重危及生产安全的工艺设备淘汰制度；危险物品、危险作业和重大危险源管理；生产安全事故隐患排查治理制度；相关方和承发包管理；工伤保险和安责险等方面的内容。

《中华人民共和国安全生产法》作为安全生产领域的上位法，对企业安全生产职责的规定较为原则性，其他安全生产相关法律法规、规范性文件作出的补充性或新增的规定或要求也是企业所必须履行的。总的来讲，随着研究和实践的深入，企业安全生产职责的内涵也越来越丰富。

（二）企业安全生产主体责任的归责

归责，是指由特定国家机关或者国家授权的机关依法对行为人违法行为所引起的法律责任[1]进行判断、确认、追究以及免除的活动。企业是安全生产责任主体，其所承担的安全生产主体责任是由法律法规和规范性文件预先规定和要求的，是法定责任。当企业出现违法行

---

[1] 法律责任是指行为人由于违法行为、违约行为或者由于法律规定而应承受的某种不利的法律后果。

为或法定事由时，按照责任法定原则①对企业作出行政处罚或刑事处罚。同时，依据侵权责任法，按照过错原则和无过错原则②追究企业的民事赔偿和侵害责任。

安全生产违法行为分为两类。一类是指触犯了法律禁止性规范、实施了法律规定的违法行为，如生产经营单位使用不合标准的生产设备、采用法律禁止的生产工艺；另一类是指本身负有法律规定的义务而不履行或疏于履行，如生产经营单位明知有危险却不采取措施或者不及时报告致使发生重大伤亡事故。

根据实施违法行为时的主观因素、违法行为的形式、造成的损害结果、违法行为与损害结果之间的因果关系不同，企业分别承担相应的民事、行政或刑事责任。其中，安全生产责任行政处罚的核心要件是行为的违法性，即只考虑责任主体的行为是否违反法律的强制性规定，而不考虑其主观因素以及是否发生实际损害，如果责任主体实施了违反安全生产法律规范的不当行为，造成了安全隐患，也应当依法给予处罚③。根据《中华人民共和国安全生产法》和《安全生产违法行为行政处罚办法》的规定，安全生产违法行为行政处罚的种类有：警告；罚款；没收违法所得、没收非法开采的煤炭产品、采掘设备；责令停产停业整顿、责令停产停业、责令停止建设、责令停止施工；暂扣或者吊销有关许可证，暂停或者撤销有关执业资格、岗位证书；关闭；拘留；安全生产法律、行政法规规定的其他行政处罚。

---

① 责任法定原则，是指法律责任作为一种否定的法律后果应当由法律规范预先规定，当出现了违法行为或法定事由时，按照事先规定的责任性质、责任范围、责任方式追究行为人的责任。

② 无过错责任原则是指在推定行为人是否承担责任及责任分配时，不考虑其主观过错，而是以现实发生的损害结果作为其承担责任的依据。《中华人民共和国安全生产法》第八十九条规定："生产经营单位不得以任何形式与从业人员订立协议，免除或者减轻其对从业人员因生产安全事故伤亡依法应承担的责任。应当依法为从业人员办理工伤社会保险的事项。"即对这一原则的体现。对于企业违反强制性法律规范，忽视雇员劳动条件保护的情形适用无过错责任，可以最大限度地让受害雇员在寻求法律救济时处于有利地位。

③ 当前所提倡的"隐患就是事故"的观点与此是一脉相承的。

在安全生产刑事法律责任中，损害结果是安全生产犯罪行为区别于安全生产行政违法行为的显著标志。刑法不仅以严重结果规定安全生产犯罪行为，而且以结果大小作为不同的量刑依据。刑法危害公共安全罪的安全生产犯罪行为都是依此设定的。如《中华人民共和国刑法》第一百三十六条规定："在生产、工作中违反有关安全管理规定，因而发生重大伤亡事故或者造成其他严重后果的，处三年以下有期徒刑或者拘役；情节特别恶劣的，处三年以上七年以下有期徒刑"。同样是违反安全管理规定行为，但是否"发生重大伤亡事故或者造成其他严重后果"决定了行为的性质从行政违法变成了犯罪。而"情节特别恶劣"使有期徒刑由"三年以下"变成了"三年以上七年以下"。

安全生产民事责任中，不仅要考虑侵权所造成的损害事实，还要考虑违法行为与损害结果之间的因果关系。对于一般安全生产事故致人损害的行为适用预见性理论，安全生产中行为人由于过失对本应该预见的损害结果未能尽到合理的注意，导致损害的发生。损害结果在应该能够预见的范围之内，该行为就构成在法律上的损失发生的原因。

二、影响企业落实安全生产职责的主要因素

（一）企业对落实安全生产主体责任的认识不到位

截至 2019 年末，我国共有企业法人 2109.13 万个，除 37.78 万家规模以上企业外，绝大部分是规模以下企业和小微企业。此外，还有近 9000 万家个体工商户。当前，中小微企业普遍存在如下问题：主要责任人的安全认识不到位，安全管理水平普遍不高；安全管理人员业务水平不够、学历不高问题突出（普遍是高中以下水平）；除安全管理人员岗位以外的其他岗位，包括某些生产领导，都一致认为安全隐患、安全职责只是安全部门和安全员的事，与他们毫无关系，导致出现"安全低于生产"或"只注重生产、忽略安全"的境况，安全管理工作开展起来很吃力，而且安全管理人员因为工作原因时常要遭受委屈，

安全管理人员经常怨声载道，因此，企业主要责任人的主观认识对整个企业的安全生产起着举足轻重的作用。

（二）企业安全生产基础薄弱

落实企业安全生产主体责任，从企业角度看，首先要有责任意识，从上到下重视安全生产；其次要有健全的责任制度、足够的资金和高素质的人员，确保安全生产工作能够顺利开展。自2004年以来，安全监管部门坚持不懈地强化企业落实安全生产主体责任，对安全生产违法违规行为进行严厉惩处，起到了良好效果，企业主要负责人的安全意识得到普遍提升，安全生产工作也得到重视。但是，对于数量庞大的中小微企业和个体工商户来说，安全生产基础提升更为困难，薄弱的安全生产基础成为企业落实安全生产主体责任的最大短板。

（三）企业安全生产职责规定缺乏严密性

部分法律法规和规章所规定的企业安全生产职责需要配套的操作方法、作业标准、指导手册等文件才能保证其具有可实施性、可操作性。相对而言，我国在这方面的工作要滞后一些。例如，国务院安全生产委员会办公室于2016年4月印发《标本兼治遏制重特大事故工作指南》，要求企业着力构建安全风险分级管控和隐患排查治理双重预防机制，并为此组织力量编写了冶金、有色、建材、机械、轻工、纺织六个行业的《较大危险因素辨识与防范指导手册》，山东省也以地方标准的形式发布了《安全生产风险分级管控体系通则》和《生产安全事故隐患排查治理体系通则》以及20多个工贸行业的"两个体系"建设实施指南，但是距离全行业覆盖仍有较大差距。

部分职责规定缺少定量化的指标，难以对企业进行定量考核。例如，《中华人民共和国安全生产法》只是要求"生产经营单位应当具备的安全生产条件所必需的资金投入"，对具体细目和资金投入比例没做要求。北京市《生产经营单位安全生产主体责任规范》规定企业提取的安全生产费用用于"安全技术措施工程建设；安全设备、设施、工艺更新和维护；安全生产宣传、教育、培训；重大危险源监控和事故隐患整改；安全生产风险辨识、评估和标准化建设；劳动防护用品配备与更新；安全生产新技术、新设备、新材料、新工艺的推广应用；安全设施、特种设备等设备设施的检测检验；参加安全生产责任保险；应急救援队伍建设、应急设备装备和救援物资配备及应急演练；聘请或委托第三方机构开展安全生产咨询、评价等；其他与安全生产直接相关的支出"12个事项，但是对安全投入提取比例等没有做出规定。如此规定对企业实际上没有任何约束力，很多企业每年的安全投入基本上只是用于更换消防器材。

企业安全生产职责规定没有区分不同规模的企业需作有针对性的要求，结果陷入了选择悖论。如果严格要求则企业没有能力执行，如果企业可以选择执行则丧失了法律的严肃性。当前，安全生产法律法规、规章确定的企业安全生产职责主要是针对规模以上企业的，对于规模以下的中小微企业和个体工商户，在适用性方面要大打折扣。

（四）对生产安全事故企业追责偏软

法律责任实现方式重行政处罚、轻刑事处罚和民事赔偿。我国在安全生产立法上强调发挥政府积极作用，现有的安全生产法律责任制度遍布着行政机关的身影，责任实现途径向行政处罚、党纪处分倾斜，造成了责任实现方式的片面化。目前，世界安全卫生立法的趋势是以事前预防为主、事后处罚为辅，并注重对劳工、从业人员的权益保护。体现在法律责任形式上，强调民事赔偿和行政处罚、刑事处罚形成合力。而我国受立法惯性影响，始终将安全生产工作寄希望于行政机关的积极作为，行政机关的执法行为成为影响安全生产形势的关键，因而形成了发达的安全行政责任制度。实践中对安全事故的责任追究，一贯以对相关负责人予以行政处分、党纪处分了事，情节严重者才追究刑事责任，鲜有要求责任方对受害者作出赔偿的书面处理。企业过错导致重大伤亡的安全生产事故，往往通过私下和解来解决民事赔偿问题。

现行立法体系对生产经营单位缺少惩罚性赔偿的相关规定。重特大生产安全事故发生后，在追究相关人员违反安全管理规定或者强令他人冒险作业，因而发生重大伤亡事故或者造成其他严重后果的违法行为的同时，必然会考虑到该行为是作业人员的意志支配行为，还是履行单位意志行为的问题。在单位强令作业人员从事违反管理规定行为（行为产生的利益归属于单位）的情况下，仅仅追究单位负责人的刑事责任是不合理的，应当对生产经营单位处以惩罚性赔偿，才能加大对生产经营单位的威慑力。

第四节　强化落实安全生产责任的考核和问责

一、建立完善考核体系和巡查机制

完善考核体系，统筹整合、科学设定安全生产考核指标，加大安全生产在社会治安综合治理、精神文明建设等考核中的权重，建议党中央制定出台《省级党委安全生产工作考核办法》，对省级党委安全生产工作进行巡查和年度考核，建议国务院安全生产委员会协调相关部委研究制定《国务院安全生产委员会成员单位安全生产工作考核办法》及部门考核细则。创新巡查机制，借鉴中央环保督察的经验，将安全生产工作巡查考核提升至中央巡查层次，加大考核力度，建立层层考核机制。考核结果向社会公开，充分发挥社会舆论监督作用，并与全国文明城市等其他评比活动挂钩。

二、完善事故责任追究机制

完善事故调查机制，借鉴发达国家事故调查处理的相关经验，推动事故处理由偏重责任追究向查明事故原因转变、事故责任判定由有罪推定向罪刑法定转变、吸取事故教训由运动式整治向建立标本兼治长效机制转变。规范责任追究，依法依规制定各有关部门安全生产权力和责任清单，尽职照单免责、失职照单问责，在现行法律和体制框架内，通过修改国务院 493 号令的相关规定，完善事故调查处理机构及职责。借鉴中办、国办印发《保护司法人员依法履行法定职责规定》的相关做法，明确安监执法人员非因故意或重大过失导致发生生产安全事故的不承担事故行政执法责任，至少不应承担刑事责任；明确免责的具体情形，提升免责事由和情形的法律位阶。建立企业生产经营全过程安全责任追溯制度，对瞒报、谎报、漏报、迟报事故的单位和个人依法依规追责，对被追究刑事责任的生产经营者依法实施相应的职业禁入，对事故发生负有重大责任的社会服务机构和人员依法严肃追究法律责任，并依法实施相应的行业禁入。

第四章 建立完善安全生产法治秩序

第一节 安全生产法治建设理论基础

安全生产法治建设内涵丰富，主要包括以下几个方面。

一、安全生产是党和国家的基本方针和既定国策

安全第一、预防为主、综合治理是党和国家的一贯方针。近年来，在党中央、国务院的重要决定、决议中，都将安全生产提升到贯彻实施"三个代表"重要思想、科学发展观和习近平新时代中国特色社会主义思想的高度，明确要求各级党委和政府要以对人民高度负责的政治态度，将安全生产摆到重要日程上，切实加强领导，采取有力措施，预防和遏制重大、特大事故，保护人民群众的生命和财产安全，促进经济发展，维护社会稳定。我国宪法明确将保障公民的基本人权，坚持以人为本的原则载入了国家根本大法。党的十四大以来，党中央、国务院确定了依法治国，建设社会主义法治国家的基本方略和依法行政的治国准则。作为保障人权、发展经济、维护稳定的基本方针和既定国策，国家有关安全生产的大政方针必须法律化、制度化。

二、企业的安全生产需要依法规范

保障安全是企业从事生产经营活动的重要前提。安全生产法的主要功能就是确定市场主体在安全生产方面的权利、义务和责任，制定安全生产的行为规范，建立正常的、安全的生产经营秩序，保障人民群众的生命和财产安全。按照社会主义市场经济的要求，企业生产安全的无序状况需要依法规范。企业必须依法加强安全生产管理，必须依法强化事故应急和救援，安全生产违法者必须承担法律责任。

三、强化安全生产监督管理需要法治

依法行政是社会主义法治建设的基本要求。在安全生产综合监管与专项监管相结合的管理体制下，依法监管是政府对安全生产进行监督的主要手段，必须依法确定负有安全生产监督管理职能的各有关部门的法律地位、职责和监管执法措施，保证监管执法主体依照法定授权、法定程序履行监管执法职责。

四、安全生产法律体系建设是实现安全生产法治的保证

无论是将安全生产大政方针法治化，还是对企业生产经营活动的安全进行规范，也无论是保证依法监管，还是全面实现安全生产法治，都要解决有法可依的问题，即建立科学的安全生产法律体系，确定基本的安全生产法律制度，为调整各种社会关系提供相应的法律规范。

第二节 安全生产法治建设现状

新中国成立以来，特别是改革开放以后，党中央和地方各有关部门陆续颁布实施了一系列与安全生产有关的法律、行政法规、部门规章、地方性法规和地方政府规章，初步建立了中国特色安全生产法律

法规标准体系，保障了安全生产工作持续健康发展。

一、安全生产法律体系

经过多年坚持不懈的努力，我国形成了以《中华人民共和国安全生产法》（以下简称《安全生产法》）为基础，涵盖煤矿及非煤矿山、交通运输、建筑施工、危险化学品、消防、民用爆炸物品、电力、石油天然气等多个行业（领域），包括法律、行政法规、部门规章、司法解释和安全生产国家标准、行业标准等多种形式在内的，具有中国特色的安全生产法律法规标准体系。其中，各级安全监管监察部门的执法依据主要包括3部法律、12部行政法规、100余部地方性法规规章、58部国家安全监管总局部门规章和1500多项国家标准。

（一）宪法

宪法是国家根本大法，具有最高法律效力。1982年《中华人民共和国宪法》第四十二条关于"加强劳动保护，改善劳动条件"是安全生产方面最高法律效力的规定。

（二）法律

我国关于安全生产的法律包括安全生产基础法、专门安全生产法律和安全生产相关法律。

（1）安全生产基础法。《安全生产法》和《中华人民共和国职业病防治法》适用于中华人民共和国领域内从事生产经营的单位及职业病防治活动，是我国安全生产法律体系的基础。

（2）专门安全生产法律。专门安全生产法律是规范某一专业领域安全生产法律制度的法律。我国在安全生产专业领域的法律有《中华人民共和国矿山安全法》《中华人民共和国道路交通安全法》《中华人民共和国消防法》《中华人民共和国海上交通安全法》《中华人民共和国石油天然气管道保护法》《中华人民共和国特种设备安全法》等。

（3）安全生产相关法律。与安全生产相关的法律是指在安全生产专门法律以外的其他法律中涵盖有安全生产监督管理内容的法律。主要包括：相关行业法律，如《中华人民共和国煤炭法》《中华人民共和国矿产资源法》《中华人民共和国建筑法》《中华人民共和国铁路法》《中华人民共和国民用航空法》等；相关专业法律，如《中华人民共和国劳动法》《中华人民共和国工会法》等；与安全生产监督执法工作相关的法律，如《中华人民共和国刑法》及其修正案，以及《中华人民共和国刑事诉讼法》《中华人民共和国行政监察法》《中华人民共和国行政处罚法》《中华人民共和国行政复议法》《中华人民共和国行政许可法》《中华人民共和国国家赔偿法》《中华人民共和国标准化法》等。

（三）行政法规

安全生产行政法规是由国务院组织制定并批准公布的，是为实施安全生产法律或规范安全生产监督管理制度而制定并颁布的一系列具体规定，是实施安全生产监管工作的重要依据。

我国安全生产行政法规主要包括：综合类，如《安全生产许可证条例》《生产安全事故报告和调查处理条例》《工业产品生产许可证管理条例》《国务院关于特大安全事故行政责任追究的规定》《劳动保障监察条例》等；煤矿安全类，如《煤矿安全监察条例》《国务院关于预防煤矿生产安全事故的特别规定》；非煤矿矿山安全类，如《矿山安全法实施条例》；危险化学品安全类，如《危险化学品安全管理条例》《使用有毒物品作业场所劳动保护条例》《易制毒化学品管理条例》；烟花爆竹安全类、建设工程安全类、交通运输安全类及其他，如《大型群众性活动安全管理条例》《电力监管条例》《水库大坝安全管理条例》等。

（四）部门规章

部门规章由国务院有关部门为加强安全生产工作而公布的规范性文件组成，有关部门安全生产规章作为安全生产法律法规的重要补充，在我国安全生产监督管理工作中起着十分重要的作用。如《烟花爆竹生产经营安全规定》《煤矿安全培训规定》《冶金企业和有色金属企业安全生产规定》《建设项目职业病防护设施"三同时"监督管理办法》《生产安全事故应急预案管理办法》《煤矿企业安全生产许可证实施办法》《危险化学品安全使用许可证实施办法》《危险化学品登记管理办法》《安全生产行政处罚自由裁量适用规则》《安全生产事故隐患排查治理暂行规定》等，这些部门规章针对不同时期、不同阶段安全生产监督管理中出现的实际问题，细化了上位法的相关规定，具有较强的针对性和可操作性，在防止和减少安全事故、保障人民群众生命和财产安全上发挥了重要的法制保障作用。

（五）地方性法规、地方政府规章

安全生产地方性法规、地方政府规章是指由有立法权的地方权力机关——地方人民代表大会及其常务委员会和地方政府制定的安全生产规范性文件，是由法律授权制定的，是对国家安全生产法律法规的补充和完善，具有较强的针对性和可操作性。各地依照国务院《关于进一步加强安全生产工作的决定》中所确定的原则，结合本地区的实际，大大加强了本地方安全生产立法工作，制定了与《安全生产法》等安全生产法律、行政法规相配套的一系列地方立法。大部分省（自治区、直辖市）根据《安全生产法》的原则性规定，结合本地情况，出台了《安全生产条例》《安全生产法实施办法》《危险化学品安全管理条例》及配套的地方性法规和规章，细化了《安全生产法》的适用规定。

地方立法在维护国家法制统一的前提下，做出许多创新性的规定，其立法尝试为我国国家立法的健全完善提供了有益的经验借鉴。地方立法的不断加强和完善，有力地推动了我国安全生产的规范化、制度化和法律化建设。

（六）安全生产标准

安全生产标准是安全生产法律体系的重要组成部分，是安全生产法律法规贯彻实施的重要手段和技术支撑。党和政府始终重视安全生产标准化工作。新中国成立以来，我国安全生产标准化工作发展迅速。

据不完全统计，国家及各行业颁布了涉及安全的国家标准超过1500项，各类行业标准也有几千项。我国安全生产方面的国家标准或者行业标准，均属于法定安全生产标准，《安全生产法》有关条款明确要求生产经营单位必须执行安全生产国家标准或者行业标准，通过法律的规定赋予了国家标准和行业标准强制执行的效力。此外，我国许多安全生产立法直接将一些重要的安全生产标准规定在法律法规中，使之上升为安全生产法律法规中的条款。因此，安全生产国家标准和行业标准，虽然和安全生产立法有所区别，但在一定意义上，可以被视为我国安全生产法律体系的重要组成部分。当然，其主体内容属于技术规范的范畴。

（七）规范性文件

规范性文件是由行政机关制定的除规章以外的有关行政管理的规则，它以文件的形式发布，能对现实生产中的突出问题做出较为及时的规定，在其发布机关的行政职权范围内具有约束力。近年来，在安全生产领域中，规范性文件的发布较为及时，并且因其自身相对稳定、能够反复适用的特点，对安全生产法律体系的健全完善发挥了积极补充的作用。如中共中央、国务院在2016年印发的《中共中央国务院关于安全生产领域改革发展的意见》，阐述了安全生产重大理论与现实问题，围绕解决安全生产体制机制发展等深层次问题，对安全生产工作作出总体部署，成为当前和今后一个时期安全生产工作的行动指南；国务院安全生产委员会及应急管理部针对实践中的突出问题，定期下发一系列的规范性文件，指导安全生产工作，如国务院安全生产委员会关于印发安全生产约谈实施办法（试行）的通知等。

二、安全生产领域基本制度

为深入贯彻落实党中央、国务院关于加强安全生产的重大决策部署，贯彻实施好《安全生产法》，加快建立健全安全生产法治体系，切实做到有法可依、有法必依、执法必严、违法必究，依法规范政府监管和企业主体行为，大力提升安全生产法治化水平，促进安全生产状况的根本好转，以《安全生产法》为核心的安全生产法律体系正在确立多项安全生产领域基本法律制度。

（一）安全生产监督管理制度

建立了安全生产监督管理制度，明确了各级人民政府和安全生产监督管理部门以及其他有关部门各自的安全监督管理职责。按照规定，社会组织和新闻媒体拥有进行安全生产监督的权利和义务，这项制度将政府监管与社会监督、舆论监督有机地结合了起来。

（二）生产经营单位安全保障制度

明确提出生产经营单位的基本安全生产条件、安全投入、安全管理机构及其人员配置、从业人员安全资格、建设工程"三同时"、安全条件论证和安全评价、安全设施的设计审查和竣工验收、安全技术装备管理、重大危险源监控、日常安全管理、工伤保险等内容，从各个方面对保障安全生产的条件和要求做出了法律规定，从根本上提升了企业的安全生产水平。

（三）高危生产企业安全许可制度

建立了基于《安全生产法》有关规定的特殊安全准入制度，规定危险性较大的煤矿企业、非煤矿矿山企业、建筑施工企业和危险化学品、烟花爆竹、民用爆破器材等企业的安全生产条件。通过对其安全生产条件的审查，从源头上把住市场准入关。

（四）生产经营单位主要负责人安全责任制度

提出了严格管理生产经营单位主要负责人的安全资格的要求，明确其在安全生产工作中的法定职责，以增强企业负责人的责任意识，加强安全管理。

（五）从业人员安全生产权利、义务制度

规定了生产经营单位的从业人员在生产经营活动中的基本权利和

义务。法律在赋予从业人员求偿权、知情权、监督权、拒绝权和避险权的同时，设定了遵章守规、服从管理，正确佩戴和使用劳动防护用品，接受培训、掌握安全生产技能，报告事故隐患等义务，体现了权利与义务对等的一致性。

（六）安全中介服务制度

明确了从事安全评价、评估、检测、检验、咨询服务等工作的安全生产中介机构和安全专业技术人员的法律地位、资质、权力和责任，旨在规范中介机构有序参与社会化安全中介服务活动。

（七）事故应急和调查处理制度

制定了事故应急预案，建立了事故应急体系，提出了事故应急救援的实施、事故报告、调查处理的原则和程序、事故责任的追究以及事故信息发布等要求，强调了事故防范预警机制的积极作用。

（八）安全生产违法行为责任追究制度

明确了安全生产的责任主体，确定了安全生产责任，提出了追究责任的机关、依据、程序和法律责任等内容，体现了法律的强制性、惩罚性功能。

（九）内部执法监督机构和制度

国家和省级层面成立行政执法监督机构，加强行政执法监督。重点监督检查行政执法是否严格、规范、公正、文明，事故查处和责任追究是否到位，及时纠正行政执法错误。既防止不作为，也防止乱作为。建立安全生产监管执法责任制，强化责任约束。完善层级监督，上级安监部门要加强对下级安监部门的监督、稽查。完善考核奖惩机制，表彰奖励优秀执法人员，惩处失职渎职行为。推行安全生产监督管理权责清单，消除安全生产监管权力设租、寻租空间。

（十）安全生产执法效能评估报告制度

把打非治违、隐患排查治理、重特大事故防范、职业病危害防治等方面的实际成效，以及执法对象和人民群众的认同度，作为检验执法效能的重要标准。各级安监部门每年要对本级机构执法效能进行评估，总结经验，查找差距，改进执法工作。建立执法激励约束机制，上级安监部门要定期对下级安监部门的执法效能做出评判，表扬先进、批评落后。

（十一）安监部门法律顾问制度

国家和省级层面设立专职法律顾问，对安全生产立法提出意见和建议，对安全生产重大决策、重要文件进行合法性审查，对重要执法决策等行政行为进行法律审查，对安全生产和安监工作中的法律疑难问题进行解答，对合同签订、履行等民事行为提出法律意见，代理诉讼、执行等法律事务。研究涉及法治问题的局长办公会应有法律顾问列席，并充分听取其意见和建议；重要文件要有法律顾问的意见作为附署，确保法律顾问在安全生产法治建设和依法治安中发挥作用。

第三节　安全生产法治建设实践

一、安全生产法治建设的实施情况和总体评价

党中央、国务院高度重视安全生产工作，各地区、各有关部门和单位系统着力解决安全生产体制机制的法制等方面的突出问题，全面提升安全生产整体水平，坚决遏制重特大事故，促进全国安全生产形势持续稳定好转，有效维护了人民群众生命财产安全。

（一）形成了比较完善的安全生产法律法规体系

从立法内容看，法律体系涉及面很广，涵盖了安全生产的各主要方面。现行有效的一系列安全生产立法，涉及生产经营单位安全准入、安全生产管理、政府及其有关部门监管执法、事故调查处理、从业人员权益保护、技术装备以及安全教育培训、安全社会中介机构及其服务等各个方面。

从立法时期看，我国安全生产立法主要集中在20世纪80年代至

今。现行有效的安全生产立法，制定时间最早的为20世纪80年代初，至今已有40年。2001年至今是我国安全生产法制建设的全面发展阶段，安全生产立法进入了系统化建设的新阶段。

从立法进程看，安全生产工作经历了从以政策调整为主到政策、立法的互替调整和共同发挥作用，再到以立法调整为主、法制地位日益突出这样一个发展过程。当然这也是一种必然趋势，表明了随着我国经济社会的深入发展，安全生产法治建设的地位将越来越重要。

从立法特点看，我国安全生产立法，特别是安全生产行政立法的应急性特点依然明显。国家和社会各界对安全生产的预期很高，一些突发的重特大生产安全事故，尤其是煤矿事故受到极大关注，与此相关的立法则应运而生。如广东梅州2005年"8·7"特别重大透水事故，造成121名矿工遇难，促使当年9月3日《国务院关于预防煤矿生产安全事故的特别规定》（国务院令第446号）这一重要煤矿安全生产行政法规的出台。

从安全生产立法的制定机关看，立法部门较多。除了全国人大常委会制定的法律、国务院制定的行政法规外，由于我国安全监管体制和机构改革，制定安全生产部门规章的部门也经历了从原劳动部、原煤炭工业部、原能源部、原国家经贸委、原国家煤炭工业局、原国家安全生产监督管理局、原国家煤矿安全监察局、国家安全生产监督管理总局到应急管理部等部门的变化。

从安全生产立法的内在动因看，我国安全生产立法的发展与我国经济体制、行政管理体制的改革关系密切，从当初《中华人民共和国矿山安全法》《安全生产法》《中华人民共和国煤炭法》《煤矿安全监察条例》等重要法律法规的制定，到2014年修改后的《安全生产法》的实施，再到正在修订的《中华人民共和国矿山安全法》，都深刻说明立法和法治进程与经济发展、体制转型不可分割，社会主义市场经济体制的不断发展为安全法治建设提供了根本动力。

从立法技术看，我国安全生产立法越来越重视法律规范的针对性和可操作性。新的立法都注重规定内容的明确具体，表现出很强的针对性和可操作性。其所作的要求和规定，都是针对当前安全生产领域存在的薄弱环节和突出问题的。

（二）构建了有效的安全生产监管执法体系

规范安全生产监管执法工作。出台《安全生产监督检查办法》《安全生产监管执法手册》《煤矿安全监察执法手册》等部门规章，规范安全监管执法工作。各级应急管理部门坚持依法行政，严格依照法定程序对企业加强现场检查、整改复查、行政处罚等，并将执法结果及时公开，接受社会监督，确保了执法工作合法合理、严格程序和公开公正。增加安全生产投入，督促企业扎实排查治理重大隐患，加大了安全生产监察执法力度，有效改善重点行业领域安全生产状况。

提升安全监管监察水平。开展安全生产综合督查，重点抽查煤矿、金属非金属矿山、危险化学品等行业领域企业的非法违法行为。为进一步加强安全生产工作，强化安全监管，推进依法治安，在全面开展安全生产大检查，进一步深化"打非治违"和专项整治工作。按照"管行业必须管安全、管业务必须管安全、管生产经营必须管安全"的要求，强化安全生产责任落实，进一步明确国务院安全生产委员会成员单位安全生产工作职责分工。为切实加强对全国安全生产工作全局性、战略性和前瞻性重大问题的研究，成立国务院安全生产委员会专家咨询委员会，深入开展以危险化学品和易燃易爆物品为重点的安全大检查，深化重点行业领域安全专项整治、油气输送管道隐患治理、煤矿隐患大排查和整顿关闭工作。对高危行业集中地区实施分类指导、重点监管、源头治理。

推进安全生产领域改革发展。深化安全生产领域行政审批改革，取消危险物品的生产、经营、储存单位以及矿山主要负责人和安全管理人员的安全资格认定，保留危险化学品经营许可，新建、改建、扩建生产、储存危险化学品（包括使用长输管道输送危险化学品）建设项目安全条件审查，烟花爆竹生产企业安全生产许可等行政审批事项。印发了省级政府安全生产工作考核办法和年度实施细则，省级安全监管监察部门基本制定完成了权力和责任清单编制，推动了安全生产责任制的落实。联合发展改革委等17个部门建立安全生产联合惩戒机制，向社会公布"黑名单"企业，为实现安全生产状况明显好转提供了有力的保障。

（三）有效遏制了生产安全事故的发生

规范事故调查处理工作。国务院先后制定了《企业职工伤亡事故报告和处理规定》《国务院关于特大安全事故行政责任追究的规定》《生产安全事故报告和调查处理条例》，原国家安全监管总局相继颁布实施了《生产安全事故信息报告和处置办法》《关于生产安全事故调查处理中有关问题规定的通知》等一系列法规规章，逐步健全了事故报告和调查处理制度，保证事故调查高效有序、责任追究依法到位。

完善责任追究体系。在党中央、国务院的领导下，坚决发展决不能以牺牲安全为代价这条红线，强调要坚决落实安全生产责任制等一系列指示精神，生产安全事故刑事责任追究体系不断健全完善。首先，各级党委、政府都建立了严肃严格的责任追究机制；其次，在依法治安的引领下，拓展了安全生产责任体系适用的领域，丰富了安全生产责任制度的内涵；最后，从严惩处生产安全事故背后的权钱交易和渎职犯罪，一大批危害生产安全的违法犯罪分子及相关贪污受贿、渎职违法犯罪分子受到了法律制裁，强力震慑了安全生产违法犯罪行为，使全国安全生产形势呈现持续稳定、趋于好转的发展态势。经过这些年的共同努力，生产安全事故起数从2007年506208起降至2019年38000起，死亡人数从2007年98340人降至2020年27400人。全国安全生产实现总体稳定的良好局面。

二、新形势下安全生产法治建设面临的挑战

安全生产法治建设面临诸多新的挑战。从外部来看，新一轮科技革命蓄势待发，新一代信息技术、生物技术、新材料技术、新能源技术广泛渗透，传统与非传统安全交织；从内部来看，随着改革的深入，社会主要矛盾的变化，国家安全生产体制改革等诸多因素，都对安全生产法治建设提出新任务、新要求。

（一）新业态、新领域对安全生产法治提出挑战

法律因时、因势而立，现行安全法律体系中许多法律有其特有的立法背景，解决当时的问题或者是传统的安全问题，即生产危险性系数较高、容易对人身造成伤害、对生产造成危害的行业，如煤矿、非煤矿山、建筑施工、危险化学品等行业的安全生产问题。我国经历了生产安全事故频发、重特大事故居高不下的年代。为遏制传统安全问题导致的事故，安全生产监管长期保持高压态势，采取"大检查""攻坚战"符合当时的国情，收到了良好的效果。依据当时实际情况制定的法规、规范性文件也具有当时的特色，很多文件是针对一时、一事而制定的，但如果继续沿用并不符合当前的实际。

近年来，我国经济转型升级逐渐加快、产业结构调整逐步深入，新型工业化、信息化、城镇化和农业现代化加速推进，非传统安全生产问题凸显，一些新技术、新工艺、新装备的大量使用和新行业的出现，使生产安全事故呈现风险多样性、复杂性的特点，一些想不到、管不到的事故明显增加，一些地区超高层建筑、城市综合体、人员密集场所、轨道交通等频繁地发生重特大事故，如吉林宝源丰禽业有限公司"6·3"特别重大火灾爆炸事故、江苏中荣金属制品有限公司"8·2"特别重大爆炸事故等，无不给非传统高危行业的安全生产工作敲响了警钟。

（二）人民对职业安全与健康权益日益增长的需求与安全法治发展不平衡、不充分之间的矛盾

随着物质文化生活水平的提高，人们安全健康意识不断提升，全社会对安全生产的关注度和期望值越来越高，对生产安全事故的容忍度不断下降。人们不仅需要更加体面的工作，而且需要安全健康的工作环境。在生产工作中不仅关注职业安全，也关注职业健康；不仅关注事前预防，也关注发生事故之后的应急救援，尤其是以对相关责任人员的处理作为事故调查彻底与否的重要标准。此外，人民群众法治意识增强，对安全法治的需求日益增长，如要求执法信息公开，要求安全生产监管执法在阳光下运行等。这些都对安全生产工作提出了新的更高的要求。

当前安全法治发展不平衡主要表现在：中央与地方安全法治发展存在一定差距，中央层面的立法较多，而地方立法相对较少；不同地区的安全法治发展差异较大，有的地方安全法治状况好，有的地方不理想，如上海市2005年制定《上海市安全生产条例》，为适应安全生产形势发展要求，分别于2011、2016年进行了修改，进一步健全上海市安全生产工作的核心制度，创设了危险化学品禁限控目录、专业技术人员参与监督执法、安全生产责任保险激励性推广等一系列规范制度。但仍有不少地方未对本地区适用的《安全生产条例》进行修订。基于上述分析，亟须进一步完善安全生产法治建设，使安全法治朝着科学、为民、均衡的方向发展。

（三）安全生产改革发展深入推进与安全法治建设滞后之间的矛盾

当前，我国改革发展处于重要战略机遇期，同时也面临诸多矛盾叠加、风险隐患增多的严峻挑战，通过提升立法质量，做好顶层设计，引领改革在法治轨道上推进，是改革发展稳步前进的保障。只有紧跟时代步伐，不断与时俱进，使法律更精准地反映经济社会发展要求，才能更好地发挥立法的引领和推动作用，更好地为全面深化改革保驾护航。

近年来，我国安全生产工作虽取得明显成效，但形势依然复杂严峻，必须依靠深化改革加快解决体制机制等深层次矛盾。全面深化安全生产改革必须坚持立法先行，改革本身的设计、推进以及成果的固化都要通过法律的手段来实现，确保改革于法有据。当前，安全生产改革正在稳步推进，自2015年以来，国务院加大简政放权力度，部署深化行政审批制度改革工作，根据国务院办公厅《关于推广随机抽查规范事中事后监管的通知》的要求，应急管理系统推动行政审批集中受理及随机抽查等政策的实施，不断推进安全生产行政审批的改革。2016年印发的《中共中央国务院关于推进安全生产领域改革发展的意见》对安全生产领域改革发展、大力推进依法治理提出新要求，提出"将生产经营过程中极易导致重大生产安全事故的违法行为列入刑法调整范围""加强安全生产和职业健康法律法规衔接融合""建立安全生产监管执法人员依法履行法定职责制度""完善事故调查处理机制"等。这些改革发展的新举措、新要求中的许多内容需要法治建设予以支撑，以实现改革与法治的良性互动。

第四节　实现安全生产法治化的思路与对策

一、新时代实现安全生产法治化的对策

新时代实现安全生产法治化需要做到：强化法治思维，提高全社会安全生产法律意识；健全安全生产法律法规体系；严刑峻法，厉行法治，加强监管执法体系建设；推进安全监管执法队伍规范化建设；完善事故调查处理机制。

（一）强化法治思维，提高全社会安全生产法律意识

依法治国重在理念先导，实现安全法治首先要牢固树立法治思维。一是党政领导干部要带头学法、守法、用法，将其纳入述职考核内容，作为衡量和考察提拔的重要标准。同时，强化程序意识，安全生产的

重大行政决策必须把"公众参与、专家论证、风险评估、合法性审查、集体讨论决定"确定为法定程序，确保权力在阳光下运行。二是把全民普法作为大力推进依法治理的长期性工作，持之以恒地开展安全法治宣传教育，结合"八五普法"以及"谁执法、谁普法"普法责任制的实施，组织"安全法治示范城市""安全法治示范企业"创建，开展"《安全生产法》宣传月、主题宣传日"等活动，推进安全法律进课堂、进企业、进学校、进社区。从长远看，要从青少年抓起，将安全法制教育纳入国民教育序列，列入中小学教育大纲。三是组织制作安全法治宣传片，定期开展"以案说法""以案释法"活动，建立企业守法诚信档案，大力宣传先进人物和典型事迹，集中曝光一批违法违规企业和人员，加强全社会对安全生产法律的敬畏、戒惧之心，提高全民族安全法治素养。

（二）健全安全生产法律法规体系

"立善法于天下，则天下治；立善法于一国，则一国治。"同理，立善法于安全生产，则安全生产治。健全完善安全生产法律法规体系是推进安全生产依法治理的前提。

1. 推进安全生产与职业健康统一立法

安全生产、职业健康是劳动保护的一体两面，二者在监管执法上具有较强的同质性。推行职业安全健康一体化监管，有利于整合监管资源，减轻企业负担，提高监管效能。根据《中共中央国务院关于推进安全生产领域改革发展的意见》以及《国务院办公厅关于加强安全生产监管执法的通知》等相关文件要求，在总结上海等地推进职业安全与健康一体化监管工作经验的基础上，积极借鉴国外职业安全健康立法经验，力争在2025年以前制定出台统一的职业安全健康法，从立法目的、生产经营单位主体责任、监督管理、法律责任等方面，将安全生产与职业健康的内容和要求进行全面融合，推动安全生产与职业健康"两法"合一。

2. 坚持科学立法，编制立法规划

一是加强安全生产改革发展支撑立法工作，做到重大改革于法有据，立法主动适应安全生产改革的需要，制定和实施安全生产法律法规中长期和年度的制订修订计划，对《安全生产法》《中华人民共和国职业病防治法》《中华人民共和国刑法》等个别条款进行修订。二是突出立法问题导向，围绕标本兼治遏制重特大事故，加快推进煤矿、非煤矿山、危险化学品、烟花爆竹等重点领域和职业危害防治、应急救援、事故调查处理等重点环节的立法工作，重点开展《中华人民共和国危险化学品安全法》《中华人民共和国矿山安全法》《煤矿安全条例》等法律法规的制定修订工作。三是按照《全国人民代表大会常务委员会执法检查组关于检查〈中华人民共和国安全生产法〉实施情况的报告》的相关要求，加快推进以《安全生产法实施条例》为重点，以注册安全工程师管理规定、安全生产分类分级监督管理规定等为支撑的配套立法工作，保证《安全生产法》的全面实施。四是推进以地方安全生产条例为重点的地方性法规，以及配套规章制定修订工作，进一步健全完善地方性安全生产法规体系。设区的市根据《中华人民共和国立法法》的精神，结合当地经济社会发展条件以及安全生产形势，有针对性地制定与当地情况相适应的法规，解决区域性安全生产突出问题。

（三）严刑峻法，厉行法治，加强监管执法体系建设

1. 牢固树立安全监管就是行政执法的定位

从下达行政命令、开展大检查等传统方式，向严格规范公正文明执法方向转变，以《执法手册》为指南，开展标准化执法。当前，安全生产领域分别制定了《煤矿安全监察执法手册》和《安全生产监管执法手册》，应急管理和矿山安全监管监督执法人员充分运用好现有法律赋予的行政处罚、行政强制等措施，避免执法的随意性。

2. 明确定罪标准，加强行刑衔接

建议司法机关抓紧出台相关司法解释，明确《中华人民共和国刑

法修正案（十一）》第四条规定的"具有发生重大伤亡事故或者其他严重后果的现实危险"等相关情形，明确罪与非罪的具体标准；同时，有关行政执法机关需要建立与上述司法解释相配套的执法证据规则，规范行政机关的自由裁量权，减少安全生产执法的不确定因素。

（四）推进安全监管执法队伍规范化建设

针对当前安全生产监管执法队伍建设中存在的基层执法力量薄弱、能力素质不高、执法保障滞后等突出问题：一是按照《中共中央国务院关于推进安全生产领域改革发展的意见》中关于"将安全监管部门纳入行政执法序列"的要求，进一步调整充实市、县两级一线安全生产监管执法力量，推动人员编制、经费保障向一线倾斜，对各地落实情况建议国务院安全生产委员会组织专项督查。二是推行统一服装、统一标识、统一装备、统一管理"四统一"的安监执法队伍建设机制，制定细化各岗位执法权力和责任清单，规范行政处罚自由裁量权。同时，进一步强化执法监督，坚决杜绝不执法、乱执法等现象。三是结合党史学习教育的总体要求，在执法队伍中开展以"忠诚、责任、担当"为主题的"党员执法先锋岗"创建活动，教育引导广大党员干部在严格规范公正文明执法中锤炼过硬素质。四是贯彻党的十九大提出"完善安全生产责任制"的明确要求，切实把"党政同责、一岗双责、齐抓共管、失职追责"要求落到实处。建议在事故问责中体现宽严相济的刑事政策，回应基层"尽职免责"的呼声。参照中共中央办公厅、国务院办公厅《保护司法人员依法履行法定职责规定》的相关做法，研究建立安全监管部门依法履职制度，明确执法责任边界、履职内容、追责条件特别是免责情形，激励广大执法人员依法履职、严格执法、敢于担当。

（五）完善事故调查处理机制

建议在现行法律和体制框架内，通过修改《生产安全事故报告和调查处理条例》（国务院令第493号）的相关规定，进一步完善事故调查处理机制。

1. 转变事故调查处理理念，回归到理性、合法的轨道上

转变事故调查处理理念。按照《安全生产法》第83条关于事故调查处理"科学严谨、依法依规、实事求是、注重实效"的总体原则和要求，将事故调查处理从重责任追究转到重查明事故原因、落实防范整改上，推动事故调查处理真正回归到理性、合法的轨道上。生产安全事故调查处理的理念决定了生产安全事故调查处理的方向，对于事故调查处理具有重要的指引作用。事故调查处理存在"重问责、轻整改"或是"各打五十大板"的现状，并且在这种理念的指导下，实践中取得的效果也不甚理想，与科学的事故调查处理精神不相符，与事故调查处理的根本目的背道而驰，不利于吸取事故教训，发挥事故的警示作用，不利于减少和防止同类事故的发生。因而，建议按照《中共中央国务院关于安全生产领域改革发展的意见》的要求，坚持问责与整改并重，转变生产安全事故调查处理理念，以科学严谨的精神作为指导，运用科学的方法与技术进行事故分析，依照相关法律法规，根据客观存在的情况和证据，研究与事故发生的有关事实，找出事故发生的原因，充分发挥事故查处对加强和改进安全生产工作的促进作用，回归事故调查处理的本源。

2. 建立事故调查技术支撑体系

虽然我国的法律法规对于事故调查报告的内容进行了规定，但是事故调查报告还远远没有形成标准化。不仅公布的事故调查报告形式多样，而且有的内容相对简单，逻辑推理不完善，结论欠缺说服力。而国外的事故调查报告相对完善，如负责调查法国事故调查机构BEA公布的法航"6·1"空难事故调查报告共70页，分为调查报告纲要、调查机构简介、空难情况调查及初步调查结论4大部分。反观我国部分事故调查报告中内容、逻辑、性质、说理性较差。鉴于此，增加技术和管理问题专篇，对完善事故调查报告、提升事故调查报告的质量，

具有十分重要的现实意义。事故调查报告作为事故调查的结论性文书，是事故原因分析论证、演算推理的重要文件。一份令人信服的事故调查报告，不仅要给出一个最终的结论，更重要的是，要以翔实的证据和细致的分析，充分向公众展示和证明调查结果的科学准确性。增加技术专篇，对技术调查与司法调查分别进行。事故调查阶段由应急管理部门牵头组织行业监管部门、公安部门、工会组织、专家等组成的事故调查组，着重对发生事故的技术管理原因等相关情况的调查。司法调查由纪检监察和相关司法部门负责，认定导致事故发生的责任单位和责任人员，提出对事故责任人员的党纪、政纪处分和处罚的意见，对涉嫌构成犯罪的移交司法机关进行进一步调查处理，且技术调查优先于司法调查。

3. 坚持问题整改与问责并重

《中共中央国务院关于安全生产领域改革发展的意见》明确要求建立事故暴露问题整改督办制度，同时基于实践中生产安全事故调查处理结案后，整改措施完成率低的现实情况，不得不进一步做出规定。借鉴2010年美国UBB煤矿事故推动立法等经验，针对典型事故暴露出的法律法规标准漏洞和缺陷，及时开展制定修订工作。事故结案后一年内，负责事故调查的地方政府和国务院有关部门要及时组织开展评估，对事故问题整改、防范措施落实、相关责任人处理等情况进行专项检查，结果向社会公开，对于履职不力、整改措施不落实、责任人追究不到位的，要依法依规严肃追究相关单位和人员的责任，从而确保血的教训决不能再用鲜血去验证。

二、新时代实现安全生产法治化的保障措施

安全生产法治化的保障措施包括以下四个方面：健全立法后评估和清理机制、健全安全生产执法监督机制、健全执法考核和纠错机制、健全部门沟通协调机制。

(一) 健全立法后评估和清理机制

针对我国安全生产法律法规数量众多、修订不及时、可操作性不强的问题：一方面，建议健全法律法规、政府规章、规范性文件等的修正机制，结合安全生产工作的实际需要，制定和实施安全生产法律法规中长期和年度的制订修订计划，并严格实施，增强法规政策的自我纠错能力；另一方面，建议研究制定安全生产立法预评估及后评估制度、规范性文件定期清理制度、政策执行反馈报告等制度，规章实施满五年进行一次立法后评估，规范性文件实施满两年进行一次立法后评估。

(二) 健全安全生产执法监督机制

加强对行政执法的监督，完善安全生产监管部门、社会组织及公民对行政执法机关及行政执法人员的行政执法行为进行了解、反映、评判、规范、督促、处理活动，建立健全一套从内到外、从上到下全方位的监督制约机制。

第一，建立严密的内部监督机制。一是加强安全生产监管部门的层级监督，及时发现和纠正违法或者不当的行政行为。二是应急管理部门内部建立专门执法监督部门，定期对执法情况进行抽查，及时对不符合法律的执法行为予以改正。三是加强行政监察和审计等专门监督，加大监察力度，调查处理行政机关及其工作人员违反行政纪律的行为，加强对重点领域、重点部门和重点资金的审计监督。

第二，发挥人大常委会、政协的监督作用。建立各级人大常委会定期检查安全生产法律法规实施情况的工作机制，开展专题询问。建立各级政协对安全生产突出问题开展民主监督和协商调研的工作方案。

第三，推行执法信息公开，接受社会和人民群众的监督。一是结合推进政府部门权力和责任清单制度，将部门的各项行政职权及其依据、行使主体、运行流程、对应的责任等事项进行公开并及时更新，使公众知悉安全生产监管执法的基本情况。二是健全信息公开机制，及时公开行政许可、监督抽检、行政处罚、责任追究等信息,接受社会和人民的监督。三是畅通多渠道的投诉举报途径,建立生产经营单位内部"吹哨人"制度,及时处理涉及违法执法、滥用职权等举报信息,真正发挥社会和人民的监督作用。

(三)健全执法考核和纠错机制

按照《国务院办公厅关于推行行政执法责任制的若干意见》(国办发〔2005〕37号),行政执法评议考核是评价行政执法工作情况、检验行政执法部门和行政执法人员是否正确行使执法职权和全面履行法定义务的重要机制。行政执法评议考核机制对规范安全监管行政行为、保障和监督安全监管机关有效履行职责、建立完善的安全生产法制秩序,都将发挥重要作用。建议推行行政执法评议考核机制,应急管理系统开展自上而下的行政执法进行评议考核,督促规范执法;建立上级部门对下级部门的纠错机制,规范执法行为,减少违法行政行为的发生。

(四)健全部门沟通协调机制

安全生产关系到人民的生命健康及财产权益,做好安全生产工作,不仅是各级应急管理部门的首要任务,也是公安、检察等司法机构的职责要求。

一方面,与其他行政部门尝试以联合发文的方式规范联合执法,确保在联合执法过程中及时得到相关部门的支持和配合;另一方面,建立健全联合执法程序和工作机制,明确联合执法内容、程序、流程、启动机制、实施方案、执法人员素质、经费保障等,建立联席会议制度,及时通报联合执法工作情况,交流工作经验,商讨解决联合执法工作中存在的问题,对联合执法活动中的违法、违纪行为及时提出处理与整改意见,并将联合执法纳入安全生产责任制考核内容。在联合执法后,还应当明确负责执法效果跟踪复查的部门,并按时向联合执法领导小组反馈复查情况。

第五章 改革完善安全监管监察体制

安全生产监督管理体制是指政府安全生产监督管理职责权力的配置格局、组织制度和运作方式，包括谁来代表政府对全国或本行政区域内的安全生产活动实施监督管理，以及如何界定中央政府与地方政府、综合监管部门与专业监管部门的职责权限，如何协调监管机构与相关机构、监管主体与监管对象之间的关系，监管系统内部如何运转等。建立责权明确、协调一致、高效运转的监管体制，是搞好安全生产的基础。

第一节 安全监管体制改革理论基础

一、安全生产发展阶段性理论

回顾我国安全监管体制改革发展走过的道路，我们不难发现，每一段改革变迁历程都与经济社会大背景，尤其是与发展理念、发展模式以及社会治理能力密切相关。因此，安全监管体制的改革创新首先应从理论层面系统分析安全发展所处的阶段，科学研判安全生产发展的未来动向，深刻认识客观规律，发挥现有的监管体制优势，补齐短板，牢牢把握安全生产工作大方向、大逻辑，以顺应新时代社会主义现代化建设大势。

（一）我国安全生产所处发展阶段

安全生产是工业革命的产物，贯穿工业化发展全过程。工业化国家安全生产随着经济社会的发展而发展，其发展历程大多经历从事故频发、逐步下降到平稳发展的过程，即：工业化初期，工业经济快速发展，生产安全事故多发，处于事故快速上升阶段；工业化中期，生产安全事故总量较大，重特大事故频发，处于事故高位波动阶段；工业化中后期，生产安全事故快速下降并逐步得到控制，处于事故快速下降阶段；后工业化时期，生产安全事故稳中有降，事故死亡人数很少，处于事故稳定下降阶段。通常把事故快速上升、高位波动、快速下降三个阶段并称为事故易发期，如图5-1所示。

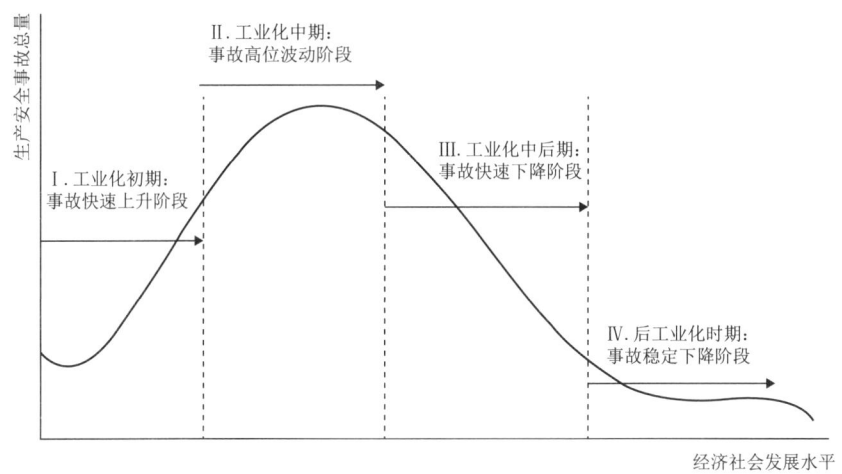

图5-1 安全生产与经济社会发展阶段变化关系

新中国成立以来，我国安全生产发展历程同样经历了"低位稳定""快速上升""高位波动""快速下降"四次历史时期的跨越。安全生产既出现过事故高发的严重局面，也经历了事故总量持续下降，安全生产形势基本稳定的时期，概括起来可以描述为"三升三稳"："大跃进"时期、"文化大革命"时期以及1993年至2002年，是事故高发上升的阶段；新中国成立初期、"文化大革命"结束后的一段时间和2003年以来，安全生产事故总量呈现稳步下降趋势，如图5-2所示。

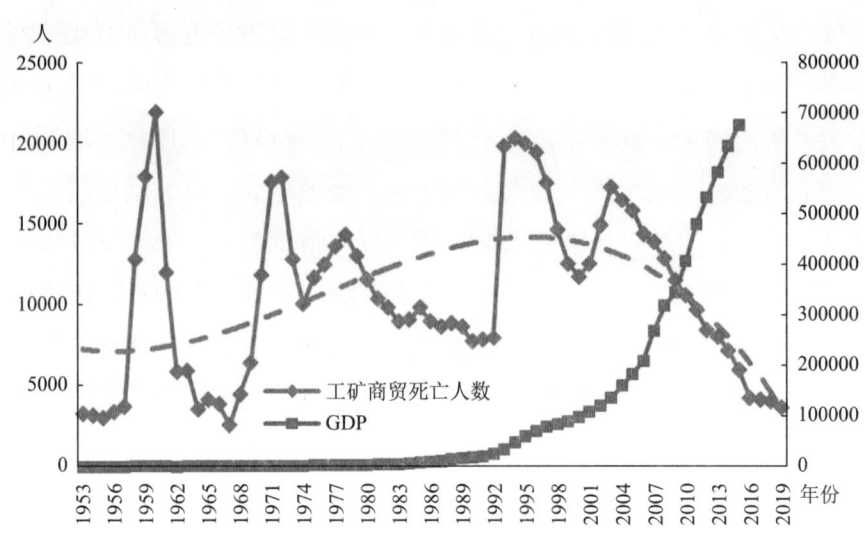

图 5-2 1953—2019 年我国安全生产发展历史演进及阶段跨越

应急管理部信息研究院课题组研究认为,"十三五"时期,我国安全生产发展虽已进入"快速下降"期,但仍处于工业化进程中"事故易发多发"的特殊阶段,受多种因素的制约,我国安全生产形势依然严峻,重特大事故时有发生,已成为全面建成小康社会的突出短板。为此,习近平总书记特别强调,我们把握安全生产能力不足问题日益凸显,这涉及安全生产理念、体制、管理手段等方方面面,必须通过深化体制机制改革来加快解决安全发展进程中的突出矛盾和问题。

(二)安全生产发展阶段规律特点

安全生产的这种阶段性特征,揭示了安全生产与经济社会之间的内在联系:工业化国家安全生产与经济结构、城镇化水平、国家把握安全生产的能力,以及安全监管体制机制密切相关;每个发展阶段安全生产都呈现出相似的规律特点。

从三次事故大幅上升的高峰期来看,1958 年至 1960 年的"大跃进"时期,由于我们急于改变贫穷落后的面貌,不切实际地盲目追求高指标,严重违背了客观规律,发展理念出现了偏差,经济秩序出现了混乱，不仅没有取得好的经济效果，而且还造成事故高发。这一时期，国营及县属以上集体企业年均死亡人数16190人，比"一五"时期增长了3.9倍。1966年至1976年的"文化大革命"时期，社会秩序、法律秩序和企业生产秩序遭受严重破坏，各级党政机关和企业管理机构陷入"瘫痪"，安全生产各类规程、规章、制度形同虚设，导致事故频发。1966年至1969年的事故伤亡人数未能正常上报统计，有统计的1970年、1971年、1972年全国县属以上企业事故死亡人数，分别为1965年的2.85倍、4.24倍、4.31倍。1993年至2002年，我国迈进工业化快速发展阶段，在经济快速发展和经济深刻变革的过程中，一些地方和企业重效益、轻安全，致使生产安全的风险明显加大，各类事故及致人死亡的数量在这10年里持续攀升，最高曾达到一年107万起、死亡近14万人。

从三次事故平稳下降的时期看，新中国成立初期，我国还是农业经济占主导的产业结构，农业产值占比近60%，近代工业刚刚起步，生产规模很小，同时，党和政府正确地把握各方面的重大关系，强调"安全为了生产，生产必须安全"。"文化大革命"结束后，经过拨乱反正，安全生产在思想上、组织上、制度上得到全面加强，突出强调安全生产的管理责任，明确提出企业发生事故，首先要追查厂长、党委书记的责任；一个部门、一个地区事故多，要追查部门和地方领导人的责任，有效扭转了生产安全事故多发势头。自2003年以来，党中央、国务院明确提出以人为本、安全发展的理念，习近平总书记反复强调发展决不能以牺牲安全为代价的红线意识。以此为指导，各级党委、政府把安全生产纳入经济社会发展大局中统筹考虑，生产安全事故总量和死亡人数连续14年"双下降"。自2010年以来，在市场经济新形势下，我国全面建设小康社会进程不断加快，生产力发展水平长足发展，经济增长方式由主要依靠增加人力、物质资源消耗向依靠科技进步、劳动者素质提高和管理创新转变，安全、环保等社会问题受到关注，党和国家始终秉持科学发展的道路，对安全发展规律的认识不断深化，找到了适应发展的基本方法和途径。在历经去库存、调结构等深度优化调整后，安全生产工作主动适应市场经济体制机制得到逐步完善。党的十八大以来，党中央作出"四个全面"战略部署，安全发展的理念全面提升，生产经营活动更加追求效益、质量和以人为本。2014年，新《安全生产法》颁布实施，开启了安全生产工作依法依规监督治理的新篇章。2016年，《中共中央国务院关于推进安全生产领域改革发展的意见》的印发，为创新驱动发展，全面推进安全生产各项工作提供了方向指引和基本遵循。2017年，国务院通过《安全生产"十三五"规划》，将安全生产与经济社会发展各项工作同步规划、同步部署、同步推进，保障了安全生产与速度、质量、效益的统一。这些都为安全生产发展创造了有利条件，全国工矿企业生产安全事故死亡总量连年下降。2019年，工矿企业死亡总量，"十三五"期间事故死亡总量幅度显著下降，在经济总量高速发展的背景下，安全生产形势明显好转。

总结"三升三稳"的历史经验，可以发现一些共性的规律特点：一是事故高峰值出现的背景绝大部分出现在我国经济高速增长、生产要素超负荷运行的时期；有重大的政治运动或经济结构变革的关键时期；安全监管力度和效能受到明显削弱的时期。二是事故低谷值出现的背景绝大部分处于我国经济平稳增长、高危行业和落后产能得到有效遏制的时期；注重安全发展理念、国家和企业安全生产投入较大、社会治理能力显著提升的时期；安全监管体制顺畅、监管执法力度大、效能强的时期。

我国安全生产已经走过了60多年的改革发展道路，随着党和政府认识的不断深化与每个阶段的实践探索，从理论上逐步摸索出安全与发展的内在联系，并以安全发展的路径实施社会综合治理，推进安全生产各项工作顺利完成，在实践上已经初步具备了把控安全生产的能力,但这些依然不足,新时代安全生产发展所处的阶段在一定程度上为下一步安全监管体制的改革创新打造了有利的时代基础。未来一段时期,安全生产发展必须尊重客观规律,牢牢把握时代契机,坚持科学发展,坚守安全红线,立足社会治理全局作出改革创新重要举措。

(三)我国安全生产工作形势研判

改革必须针对现实和问题,把握发展方向与前景。为此,必须对"十四五"乃至更长时间的安全生产形势做出预判。

1. 国家注重安全,安全发展理论体系逐步形成

"十四五"时期,党中央、国务院对安全生产工作空前重视,为深化安全生产领域改革提供了有力的思想保证和政策支持。随着"四个全面"战略布局贯彻实施,"五大发展"理念深入人心,社会治理能力不断提高,全社会文明素质、安全意识和法治观念加快提升,安全发展的社会环境将进一步优化。新时代,安全发展不但是保护和发展生产力、促进经济社会持续健康发展的基本条件,更成为社会治理能力和社会文明进步的标志。新时代社会主义现代化建设进程中,我国安全生产科学发展、安全发展的理念深入人心,综合治理理论体系逐步形成,这些都为进一步改革和完善我国安全监管体制打下了坚实的理论基础和思想保证。

2. 经济增速放缓,安全发展更加注重质量和效益

"十四五"时期经济将保持中高速增长,发展由要素驱动、投资驱动改为创新驱动,要求我们在发展当中更加追求效益、质量,追求以人为本,切实把安全生产建立在依靠科技进步和提高劳动者素质的基础上。发展速度的换挡趋稳:一方面,有利于缓解矿产资源、石油等行业安全与生产的矛盾,对压缩安全生产风险、防止赶工期、超生产、控制安全生产事故非常有利;另一方面,安全生产工作势必遇到前所未有的投入压力和科技创新压力。为此在转型期,用加强监管、教育培训、科技信息化手段等体制机制和管理手段来弥补可能的投入不足,

用更新换代来淘汰已有的落后工艺、设备和技术，换取更高质量的产品和更大的利润空间，对安全生产保持一定的投入、做出一系列体制机制方面的调整，将对促进安全生产工作的持续深入发展非常有利。

3. 工业化进程持续推进，安全生产新老风险交互叠加

"十四五"时期，中国将大力推进新型工业化、信息化、城镇化、农业现代化，国内市场需求强劲，经济发展具有巨大潜力、韧性，结构性改革正在深化，经济增速换挡不失势，我国生产、建设、经营活动依然频繁，同时落后生产能力和工艺依然大量存在。以煤矿、非煤矿山为例，年产量30万吨以下的小型煤矿7000余处，约占总量的70%，小型非煤矿山约占总量的85%。以化工为例，约6000家化工企业位于城市主城区，城围化工、化工围城情况十分严峻，必须做出体制和机制上的调整。随着工业化、城镇化的加快，全国已经有2亿多农村富余劳动力转移到城镇，面对高风险产业工人及队伍的培养，更需要加强建立身份转化的培训机制。此外，随着经济结构深度调整，主要经济指标平衡协调，发展空间格局得到优化，投资效率和企业效率明显上升，海量小企业新业态大量涌现，安全风险点、面持续扩大，存量风险和增量风险交织并存，安全生产形势正面临着新老风险因素交互叠加的严峻考验，必须转变安全监管模式，提高安全监管监察层次和执法地位，科学配置安全行政监管机构职能，避免监管漏洞和空白，加强基础执法队伍建设，以应对现有形势的严峻考验。

4. 城市规模不断扩大，城市安全风险凸显

随着我国城市规模的不断扩大，结构日趋复杂，供水、供电、供气、供热、交通运输、人员密集场所等方面的安全风险增多。事故虽主要集中在厂矿内和路线上，但波及范围逐步向城市周边扩大。据统计，发生在城市和乡镇的事故各占事故总量的11.8%和8.8%。2015年，随着国家"一带一路"倡议的实施，丝绸之路经济带核心区，煤电、化工、能源等产业将会快速发展，高速公路、高铁、地铁、城市

轨道等现代化综合交通枢纽建设步伐将会不断加快，城市管网、特种设备应用规模不断扩大，人流、物流、车流将会不断增多，给经济发展带来重大机遇的同时，也给安全生产工作带来了新的压力和挑战。必须在安全监管机构职能设置和管理机制手段上调整、创新，以适应新时代城市发展要求。

5. 区域发展不平衡，安全稳定环境面临挑战

"十四五"时期的区域经济发展与安全生产工作不平衡，创新经济不会整体实现，安全生产形势仍然不容乐观。"十四五"时期我国的一部分地区将完成工业化进程，一部分地区会基本完成或者部分完成工业化进程。根据研究，东部地区2011年基本完成工业化进程，2018年彻底完成工业化进程；中部地区2021年基本完成工业化进程，2031年彻底完成工业化进程；西部地区2023年基本完成工业化进程，2031年彻底完成工业化进程。由于区域经济发展与安全生产工作不平衡，其他地区在完成工业化的进程中会出现一些爆发式的发展行为，在工业化、城镇化、城乡一体化以及区域均衡发展的进程中会出现很多新的安全生产问题和挑战，因此，必须做出监管体制和机制上的改革和调整。

基于以上分析，2020—2025年，我国正值安全生产决胜小康社会的攻坚时期和稳控时期，无论是工业化水平，还是人口素质都将进入一个崭新的阶段，安全生产发展进程已经具备了改革的时代基础，安全发展理念的提升为安全生产领域改革创新奠定了坚实的理论基础。2030年，中国将全面进入创新经济的时期，经济发展与安全生产基本协调，安全生产工作将进入环境相对好转期。站在"十四五"的历史新起点，安全生产改革工作首先应当夯实现有的基础，补齐短板，并发挥现有的监管优势，作出体制和机制创新，做好中长期安全监管体制改革发展蓝图，以应对未来转型期复杂的安全生产形势需要，为2030年后监管新型工业化、城镇化和城乡一体化的安全生产工作

做好铺垫。

二、政府行政监督管理理论

(一) 政府安全监管方式与手段

1. 行政许可

安全生产监管部门依照有关法律法规和规章的规定，对涉及安全生产的事项需要行政许可（包括批准、核准、许可、注册、认领、颁发证照等）的，必须严格依照有关法律法规、规章和国家标准或者行业标准规定的安全生产条件和程序进行审查，对不符合有关法律、法规、规章和国家标准或行业标准规定的，不得予以许可。对未依法取得许可，擅自从事有关活动的单位，负责行政许可的部门发现或者接到举报后应当立即予以取缔，并依法予以处理。对已经依法获得许可的单位，负责行政许可的部门发现其不再具备安全生产条件的，应当撤销原许可。

2. 监督检查

安全生产监管部门依法对生产经营单位执行有关安全生产的法律、法规、规章和国家标准或者行业标准的情况进行定期或不定期的监督检查。

在执法方式上：

（1）进入生产经营单位进行检查，调阅有关资料，向有关单位和人员了解情况。

（2）对检查中发现的安全生产违法行为，当场予以纠正或者要求限期改正；对依法应当给予行政处罚的行为，依法做出行政处罚决定。

（3）对检查中发现的事故隐患，责令立即排除，重大事故隐患排除前或者排除过程中无法保证安全的，责令从危险区域内撤出作业人员，责令停产、停业或者停止使用。

（4）对有根据认为不符合国家标准或者行业标准的设施、设备、器材，予以查封或者扣押，并应当在 15 日内依法做出决定。

在处罚方式上：

安全生产监管部门依法对违法违规行为做出现场处理或实施行政处罚。

(1) 现场处理决定包括：现场予以纠正或者要求限期改正，责令限期改正或者限期达到要求，责令立即停止作业（施工）或者立即停止使用，命令立即停止作业并撤出作业人员等。

(2) 行政处罚的种类包括：警告、罚款、责令停止生产、停产整顿、吊销安全生产许可证等。对于不落实现场处理和行政处罚决定的，安全生产监管部门有权申请法院强制执行。情节严重构成犯罪的，依法移送司法机关追究相关人员刑事责任。

3. 事故调查

安全生产监管部门根据《生产安全事故报告和调查处理条例》，依法组织并会同监察、工会、公安和检察等部门，按照"四不放过"原则和"科学严谨、依法依规、实事求是、注重实效"四项基本要求，对各类生产安全事故实行分级查处。通过加强事故分析，查找原因，总结规律，完善措施，认真吸取事故教训，防范类似事故的再次发生。

(二) 政府安全监管机构组织与分类

1. 按照监管机构的独立性，可分为独立型、从属型和集权型三种模式

独立型监管机构人事、职权、经费完全独立，活动不受其他政府部门的限制，如审计署、质检总局、保监会、证监会等。从属型监管机构则隶属某个政府部门，具有较大的独立权，可以在一定范围内单独进行监管决策，但其终极权力仍要受到主管部门的制约，如卫生部管理的食品药品监督管理局等。集权型政府部门集决策、执行、监管权于一身，只是在内部进行不同的职能分工，如铁道部、住建部等。

2. 按照与地方政府的管理关系,监管机构可分为垂直管理和属地管理两种模式

垂直管理是指上级政府职能部门直接管理原属地方政府管理的单位和部门,其人力、财力和物力管理权都收归上级职能部门管理,业务运行基本上脱离所在区域的行政管理框架,不再受地方政府的控制。属地管理的政府职能部门通常实行地方政府和上级部门的"双重领导",上级主管部门负责管理业务事权,地方政府负责管理人、财、物,且被纳入同级纪检部门和人大监督。一般采取垂直管理的多为独立型和从属型监管机构,而采取属地管理的多为集权型监管机构。当前,作为中央对地方进行监管调控的重要手段,垂直管理在行政体制改革中有不断被强化的趋势。截止到2010年,中央政府组成部门、直属机构和部管局中,实行垂直管理的共有28个。

3. 根据部门管理职能的不同,垂直管理可分为实体型垂直管理和督办型垂直管理

实体型垂直管理按照"中央部门决策、垂直机构执行"的方式运行,业务部门自上而下自成体系,有较强的独立性,主要作用是执行中央事务和实施中央的各项决策,地方政府不再设同类业务机构,国家统计局、银监会、保监会、国家外汇管理局等属于实体型垂直管理。督办型垂直管理最主要的特点是不承担实体性事务,主要作用是按照"中央部门决策、地方部门执行、垂直机构督办"的方式运行,通过协作、督促和监督等形式落实中央决策,与地方政府的联系较为密切,财政部驻各地财政监察办、国土资源部的国家土地监督局属于此种类型的垂直管理。一般情况下,督办型垂直管理需要集权型机构的职能支撑,才能实现有效监管。

基于上述分析,按照监管机构的独立性分类,国家安全监管总局的人事、职权、经费完全独立,属于独立型监管机构;国家煤矿安全监察局则隶属总局,为从属型监管机构。按照与地方政府的管理关系分类，安全监管部门只在业务上监督指导下级人民政府安全生产工作，为属地管理机构；煤矿安全监察机构的人力、财力和物力管理权都由上级部门直接管理，并且在地方独立履行煤矿安全监察职能，属于实体型垂直管理机构。

党中央建立垂直管理的煤矿安全监察体制，体现了政府监管独立、公正的原则，虽提高了煤矿安全监察执法的效率和效能，但这种组织形式和职能定位也存在一些问题：一是作为总局管理的从属性机构，在履行国家监察职责，特别是监督属地管理的各地安全监管部门中，其职能和权力配置相对有限；二是作为实体型垂直管理机构，在煤矿安全监察职能上与地方政府安全监管职能有所重叠，难以处理与地方安全监管部门的关系；三是虽然拥有督办地方政府的职能，但缺乏集权部门的行政职能和相应的监管手段方法。

（三）政府行政监管实践对比分析

通过对国内有关部门特别是国务院有关执法监管部门管理体制的研究分析，有选择性地对环保部门、审计署、国土资源部及银监会等有关部门，与我国安全生产管理体制实践进行对比分析，综合分析国内有关部门行政管理体制的主要特点和监管模式，围绕组织管理形式、监管职能定位、监管执法依据和方式等，提出现阶段我国安全监管监察体制机制与国内有关部门行政管理体制之间存在的差距。

从组织管理体制看，审计署是国务院组成部门，由总理直接领导，在各级人民政府也是"一把手"分管审计，机构层次最高；国土资源部是国务院组成部门，由国务院授权，代表国务院对各省、自治区、直辖市以及计划单列市人民政府的土地利用和管理情况进行监督检查，由国土资源部部长担任总督察，层次也比较高；银监会下设36个银监局、305个银监分局及1730个监管办事处，员工总数达到23838人，执法力量最强。而国家安全监管总局虽作为国务院直属机构，层次上与组成部门相比略显弱。此外，国家安全监管总局涉及各行业领域综合监管，在行政编制和执法监察地位上与其他部门相比仍有差距。而国家煤矿安全监察局由总局（国务院直属机构）管理，行政级别为副部级，级别相对较低，各级驻各地煤矿安全监察机构总编制 2764 人，与繁重的工作任务相比，执法力量相对不足。同时，驻各地煤矿安全监察机构组织形式为各省局，与各省安监部门平级且一一对应，容易与各省安全监管部门产生职能重叠。见表 5-1。

表 5-1 部分监管部门组织管理体制对比分析

	国家审计	国家土地督察	国家环境监察	国家银行监管	原国家煤矿安全监察局
机构人员设置	国务院组成部门，总理直接领导，审计署下设 25 个派出审计局、18 个特派办，编制 3392 人	国务院授权，国土资源部部长任总督察，下设 1 个办公室、9 个区域土地督察局，编制 360 人	环保部下设环境监察局（正局级）、6 个区域环保督查中心（事业单位），编制 250 人	国务院正部级直属事业单位，下设 36 个银监局、305 个银监分局、1730 个监管办事处，员工 23838 人	副部级国家局，安全监管总局主管。下设 26 个省局，76 个分局，编制 2764 人
监管职能定位	政府预算执行审计，单位财务收支审计，领导干部经济责任审计，指导和监督内部审计工作，领导和监督地方审计机关，协管省级审计机关负责人	监督检查耕地保护落实情况，监督检查政府土地管理情况，监督检查中央政策落实情况，开展调研、提出政策建议	重大环境问题监督执法与行政处罚，环境执法后督察和挂牌督办，建设项目"三同时"监督检查，监督指导地方环境监察执法，调查处理重大环境案件	审查银行的设立、变更、终止以及业务范围，银行高官任职管理，银行风险场监管，分析、评价银行风险	煤矿企业安全监察执法，监督检查地方政府煤矿安全监督管理工作，煤矿安全准入监督管理，组织煤矿事故调查处理，指导企业安全基础管理
机构设立依据	《中华人民共和国宪法》《中华人民共和国审计法》《审计法实施条例》《国务院办公厅关于印发审计署主要职责内设机构和人员编制规定的通知》	《国务院办公厅关于建立国家土地督察制度有关问题的通知》	《国务院办公厅关于印发环境保护部主要职责内设机构和人员编制规定的通知》《环境保护部机关"三定"实施方案》《总局环境保护督查中心组建方案》	《银行业监督管理法》《国务院办公厅关于印发中国银行业监督管理委员会主要职责内设机构和人员编制规定的通知》	《煤矿安全监察条例》《国务院办公厅关于印发国家煤矿安全监察局主要职责内设机构和人员编制规定的通知》

从监管职能定位看，审计署除了政府预算执行和单位财务收支审计外，还负责领导和监督地方审计机关，并协管省级审计机关负责人，省级人民政府任命审计机关负责人，必须征求审计署的意见；银监会的监管职能涵盖了金融机构的整个生命周期，金融机构的设立、变更、终止，乃至业务范围、高管任命、增资扩股等事项，均需报银行业监管机构审查批准；国家安全监管总局在职能上与多个行业部门存在交叉，既要负责其他部门的综合监管，又要对工矿商贸和危险化学品领域进行直接监管，职责定位相对混淆不明，而危险化学品监管涉及生产、销售、储存等全生命周期，现有监管体制仍存在薄弱环节和监管漏洞；煤矿安全监察机构只是在业务上对地方政府煤矿安全监管工作进行监督检查和指导，对煤矿安全监管部门及主要负责人没有领导和管理权，对煤矿企业没有行政审批权，在实际监察执法工作中缺乏威慑力。

从监督执法方式看，审计署的报送审计和非现场审计、土地督察局的审核督察、银监会的非现场监管，都采用非现场执法的方式提高了监管效率和针对性。银监会十分重视非现场监管工作，研究制定了《非现场监管指引（试行）》，建立了一套完整的非现场监管程序。而审计署的跟踪审计、环保督查中心的防范性监察以及银监会的审慎监管，都体现了超前预防、全过程控制的监管理念。环保部门的中央督察方式在层级上要高于安全监管监察方式，而国家安全监管总局在安全监管监察方式上仅靠行政审批、监督监察，显然执法层次和力度相对被削弱。

从执法手段和方法看，审计署通过突破地域局限的异地交叉审计，保证了审计工作的独立性和公正性，通过统一组织审计项目，使全国审计工作形成了合力；审计署的"金审工程"、国家土地督察局的土地督察巡察系统、环保部的在线和遥感监测、银监会的EAST分析信息系统，都利用信息化技术手段提高监察执法效率；银监会还通过监管评级体系、非现场监管报表指标体系加强数据统计分析，提高监察执法的针对性和有效性。相较而言，国家煤矿安全监察局对各省局的监察执法工作仍然缺少统一的计划、组织和指导，过于注重对现场隐患的监察，对煤矿企业的非现场监察和全过程监管还有待加强，在利用信息化手段控制风险的能力上欠缺。同时，驻各地煤矿安全监察机构工作范围主要围绕本区域煤矿安全监察执法，容易受到来自属地范围内的干扰。

表5-2 部分监管部门监督执法机制对比分析

	国家审计	国家土地督察	国家环境监察	国家银行业监管	原国家安全监管总局、原煤矿监察局
监督执法方式	现场审计，报送审计，非现场审计，跟踪审计	例行督察，审核督察，专项督察	现场检查，例行督查，交办督查，自主督查，防范性监察	审慎监管，现场检查，非现场监管	国务院督查，重点检查，专项督查，重点监察，专项监察，定期监察
执法手段和方法	异地交叉审计，统一组织实施审计，信息化审计	日常巡查，卫星遥感，观测点监控	在线监测，遥感监测	条线法，序时法，集成法，系统法，监管评级体系，报表指标体系	集中式监察，解剖式监察，交叉式监察，示范式监察

从地方政府关系看，审计署负责领导和监督地方审计机关，并组织地方审计机关实施专项审计；国家土地督察机构在监督检查地方政府的同时，与地方政府建立了联席会议、不定期约见负责人等沟通协调机制；环境监察局在指导地方监察队伍建设和业务工作方面，建立了环境监察队伍标准化建设、环境监察工作考核等工作机制。在人员、经费上，四个部门的派出机构都是完全独立的，并且不改变、不取代地方政府相关管理部门职权，职责十分明确。相比之下，国家安全监管总局的一些政府派出机构仍不健全或者并不独立，而驻各地煤矿安全监察机构与地方煤矿安全监管部门的职责划分仍然不是十分清晰，有的派出机构行政经费难以足额保障。

综上所述，科学合理的安全生产监管模式能够提高监管的效率和效能，有利于安全生产监管目标的实现；不合理的安全生产监管模式会引起安全生产监管的混乱无序和低效，从而阻碍安全生产监管目标的实现。当前的安全监察体制虽然取得了突出成效，但也面临着很多矛盾和困难，组织形式与职能定位不相匹配是造成这些问题的深层次原因。

三、安全生产监管监察大部制理论

（一）安全生产监管监察大部制基本论述

所谓大部制，一般是指为推进政府事务综合管理与协调，按政府综合管理职能合并政府部门，组成超级大部的政府组织体制。特点是扩大一个部门所管理的业务范围，把多种内容有联系的事务交由一个部门来管辖，最大限度地避免政府职能交叉、政出多门、多头管理，从而提高行政效率，降低行政成本。安全生产监管监察大部制的必要性在于，大部制的监管监察体系可以进一步强化落实安全生产责任，形成齐抓共管的合力与强力，预防和减少生产安全事故，高效促进社会生产安全化，推动实现科学发展、安全发展、可持续发展。具体而言，安全生产监管监察大部制具有以下有利方面。

1. 大部制下，安全生产监管监察方向性强、力度大，便于形成合力，高效率集中落实安全生产监管监察职责

大部制改革不应是行政机构部门的简单合并，不产生具有积极意义的效果和实质性结果，而是做乘法。一旦大部制形成，安全生产工作乃至全社会的安全运行工作，就有一个真正的兜底部门，不至于有些事情无人管，有些事情抢着管，或者发现的问题解决不了，能够解决的问题发现不了。大部制形成后会有统一的规划、行动部署和很强的执法监察计划，机构配备齐全，能力建设加强，行动整体推进，有利于形成监管的合力。另外，大部制克服了以前安全生产监管监察权

力过于分散的不足，一些职责集中行使，有利于提高监管的时效性。

2. 整合安全监管监察资源，降低安全生产监管监察成本

开展安全生产监管监察，首要的目的是预防和减少安全生产事故，但是也要考虑到行政成本。降低行政成本是行政体制改革的基本要求。现在虽然有各级安全生产委员会及其办公室的协调，但是这种协调具有松散性的特点，执行力不是很强，各部门分工落实的成本也不低。如果予以适当的整合，发挥一些既有的优势，在一些重点领域形成合力，就可以在行政成本增加不大的情况下，提升监管监察效果。

3. 优化分工，避免因为安全生产监管职责的划分界限模糊而导致部门相互推诿，致使监管工作无法落实

例如，建筑、人员密集场所、油气管道等领域，安全生产监管经常存在相互推诿的现象。再如，办公楼宇的职业卫生问题，由哪个部门直接监管也有争议，如果形成大部制，集中综合监管与相对集中的专业监管或者集直接监管于一体，从理论上讲是合理的，但还要经得住实践考验。

4. 相互制约，便于对其他部门的安全生产监管权力进行规范和约束，防止权力滥用

大部制有利于提升安全生产监管部门的地位，其中的综合监管职责有利于安监部门监督其他部门依法履职，对于其他部门超越职权或者不作为的，既可以约谈、通报，也可以通过安全生产委员会及其办公室约谈、通报。

如前所述，在中国的权力格局和权力行使的现实国情下，即使形成了大部制，安全部门的监管部门也是正部级，对其他部门的监督权力行使，还必须得依靠安全生产委员会及其办公室的支撑作用。

（二）安全生产监管监察大部制的工作基础

党的十八届三中全会《中共中央关于全面深化改革若干重大问题的决定》提出，统筹党政群机构改革，理顺部门职责关系，积极稳妥

实施大部制。该文件是我国机构改革的基础性依据文件，开展安全生产监管监察体制改革，实行安全生产监管监察大部制，已经有了一定基础。

1. 从工作手段和方法上看

实施综合监管已经长达 10 多年，在实践中已经积累了丰富的经验，利用安全生产委员会及其办公室的平台，形成了安全生产综合监管的"三把利剑"：①对下级人民政府的纵向考核和对平级部门的安全生产履职考核，考核结果报组织部门参考，因此有了发言权。②综合协调和工作部署权，对其他部门的安全生产监管工作的监督已经制度化、规范化和程序化。③事故调查，对其他部门不依法履责的威慑力很大。正因如此，国务院和地方各级人民政府新设立安监部门，把一些难办或者没人办的事情交给安监部门处理。有时即使不是安监部门负责的事故调查处理，也由安监部门牵头调查处理。这种信任，就是由综合监管的成功实践形成的。所以，从工作手段和方法上看，以国家安监总局为基础开展大部制改革已经具有基础。

2. 从工作模式上看

安全生产委员会办公室设在安监部门，各级安监部门长期负责各级安全生产委员会会议的召开、起草文件、部署任务、组织会议、监督落实等，已经形成了一整套完整的工作制度。这个工作模式实际上也是一个大部制单位的工作模式之一。另外，安监部门在发生一些事故时，协调各方参与应急救援。这一协调能力已经得到长年的积累锻炼。所以，从工作模式上看，以国家安监总局为基础开展大部制改革已经具有基础。

3. 正面数据和反面教训说明，有必要实行大部制

大部制下一般有一些副部级的单位集中开展一些领域的工作，如国家发改委、国土资源部等。在国家安监总局之下，有一个副部级的国家煤矿安全监察局。两个单位的工作如何统一、协调，已经形成了制度。另外，职业卫生、应急救援等具有相对独立性的业务，因为机构已经初步建立，而且是将来工作的重点领域，也可以考虑现在或者将来独立成副部级的局。由于危险物品在未来 10—15 年的转型期将是监管工作的重点，即使度过了转型期，危险物品的安全监管也是很重要的问题。天津港大爆炸、青岛油气管道爆炸事故等造成的巨大损失表明，有必要建立副部级的国家危险物品监督管理局。

在转型期，在 2030 年进入工业制造强国之前，经济增长、社会转型存在很多不确定因素，在某些时段的安全生产形势还很严峻，而且经济和社会发展的区域性差异明显，先进生产力和落后生产力并存，人口素质的整体提高也还需要未来的努力。如果完全参照发达国家的做法，将安全生产完全分散在各部门、各个环节，实施分工负责，削弱安全生产综合监管部门的力量，肯定还会出现一些重特大恶性事故，尤其在一些高危行业（领域）。在党中央提出的生命第一、以人为本、以民为本的时代背景下，在未来的 10—15 年，正面的数据和反面的教训都说明，安全监管部门不仅不能被削弱，还应当做强，有必要对一些高危行业领域安全监管体制做出改革调整。

第二节　安全监管体制改革实践探索

安全监管体制改革不能一蹴而就、一步到位，需要在实践中反复调整完善，特别是涉及安全生产监管监察体制的改革问题就更需要在实践中不断探索，并加以完善。建立责权明确、协调一致、高效运转的监管体制，是搞好安全生产的基础。新中国成立以来，随着经济体制、政府机构改革和安全生产形势的发展变化，我国安全生产监督管理体制也不断进行改革和调整，在实践中不断趋于完善。

一、特区安监机构的改革与恢复

深圳特区安监机构的两次改革，就是一个在实践中反复探索、用实践检验真理、追求实事求是的过程。我们可从中得到很多启示和借鉴。

2009年以前，深圳市安全监管局是独立设置的机构，2009年第一次实施大部制改革时，将安全监管局的牌子及部分职能并入新成立的深圳市政府应急管理办公室。该举措在全国的安全生产监管部门产生巨大的影响，很多人认为是精兵简政，很多地方都在探讨将安监部门和其他部门合并的可能性。改革后，深圳市应急管理办公室有1正、6副7名领导，下设市政府总值班室、秘书处、预案综合处、应急指挥处、安全监察处、监测警备处（地震处）、资源保障处、人防工程处和宣传培训处9个处室，共有工作人员82名，却唯独不见"执法监察处"，可见，此次改革将安监的执法职能弱化。2012年2月，深圳市政府对部分部门和职责进行调整，安全生产执法监察职责被划入新设的经济贸易和信息化委员会。但是这股改革的潮流在短短的一年后，被全国发生的一些恶性的重特大事故所遏制。尽管改革后精兵简政，但是失去了执法监察职能的安监部门管理制度存在问题，对重特大事故的隐患排查疏漏，监管不严，才会导致恶性事故的发生。

2015年12月20日，深圳市光明新区凤凰社区恒泰裕工业园发生渣土堆垮塌事故，损失巨大，影响恶劣，全国人民普遍关注。自此，深圳市开始了第二次安监机构改革。2016年1月初，深圳市政府发布2016年1号文件《深圳市人民政府关于独立设置深圳市安全生产监督管理局的通知》，宣布将独立设置深圳市安全生产监督管理局，为正局级建制。通知的主要内容：其一，独立设置市安全监管局，挂深圳市安全管理委员会办公室（以下简称市安委办）牌子，划入市应急办承担的安全生产综合协调、宣传培训以及安全生产执法综合协调、监督检查职责；划入市经贸信息委承担的工矿商贸企业安全生产监督管理、危险化学品安全监督管理综合工作和烟花爆竹安全生产监督管理职责；划入市卫生计生委承担的作业场所职业卫生监督管理职责。其二，市安全监管局为市政府工作部门，正局级建制，主要职责：承担全市安全生产综合监督管理责任；负责监督管理职责范围内的工矿商贸企业安全生产工作；负责危险化学品安全生产监督管理综合工作和烟花爆竹安全生产监督管理工作；承担作业场所职业卫生监督管理责任；负责安全生产宣传教育和培训考核工作；负责指导、协调安全生产应急救援工作，组织指导协调和监督全市安全生产行政执法工作；承担深圳市安全管理委员会日常工作；等等。2009年以前的市安全监管局也是正局级单位，此次恢复独立设置在级别上并没有升格，最大的变化就是在职责上多了一项"作业场所职业卫生监管"。此次深圳决定恢复市安全监管局作为政府工作部门的独立身份，足见其进一步强化安全生产管理职能的决心。这种吸取教训、恢复设立安监部门的做法，在安检机构的转型期是正确的。

2009年深圳市因为实施大部制改革，将原本独立的安全生产监管局的牌子及部分职能并入新成立的深圳市政府应急管理办公室，并将相关职能划入市经贸信息委、市卫生计生委等部门，此举一度在社会上引起热议，褒贬不一。在当时实施大部制改革是大势所趋，深圳市先行一步，且几年来在创新安全生产监管方面不仅采取了不少措施，也取得了一定的成绩，尤其是龙岗区安全生产工作特色明显，积累了不少好的经验。然而，在深圳光明新区渣土受纳场"12·20"特别重大滑坡事故的背后，也暴露了不少安全生产监督管理中存在的问题和隐患，特别是在经济发展进入新常态下，一些地区和领导的政绩观依然没有摆正，安全监管职责不清、制度缺失、规范冲突等问题依然存在。安全生产"一管就死、一放就乱"的顽疾无疑是一颗定时炸弹，随时都有被引爆的可能。故此，深圳市政府恢复独立设置深圳市安全生产监督管理局，充分说明市政府意识到安全生产责任重大，必须以法治思维推进改革，用法治方式加强安全监管。因此，要想建立科学规范、运行有效、职责清晰、落实到位、监督有力的安全监管体系，还要做大量的"立改废"工作。

实践证明，随着工业化、城镇化的推进，城乡重大基础设施和重大项目建设的加快，安全生产的隐患和风险依然存在，考验和挑战不是在减少，而是在增加，安全生产监管监察只能加强不能削弱，只有确保安全生产才能实现安全发展。故此，深圳市政府恢复独立设置安全生产监督管理局，是主动适应新常态、适应安全生产工作新形势新要求的有力体现，是推进安全生产依法监管的根本举措。

深圳市的这两次改革，都在追求一种适应当地经济社会特点的安全生产监督管理模式。上一次，深圳市启动并实施"大部制"，不单独设立安全监管局，这是改革；这一次，深圳市明确独立设置市安全监管局，同样是改革。很大程度上，改革本身是一个风险选项，是先行先试的探路活动，指望"一改就灵""一改功成"显然不切实际，而将改革成败付诸一个机构的调整显然也有失公允。我们都知道，实践是检验真理的唯一标准，实事求是是安全生产改革发展的基本遵循，只要沿着加强安全生产工作的道路推进改革创新，在实践中探索、求真，其结果就是对的、就是好的。

进言之，深圳市的这一决定正是彰显了改革的意义和价值所在。从国家安全监管总局成立10多年来，安全生产工作的地位和作用日益加强和凸显。尤其是党的十八大之后，习近平总书记安全生产"红线"理论的形成和发展，对安全生产工作改革发展的推进和取得的成就有目共睹。成就的背后凝结着各地安全生产工作的改革创新，作为安全生产工作改革的有机组成部分，安监机构和队伍建设的改革并无固定且一成不变的模式，深圳市安全生产工作的机构改革实际也是在寻找更加有利于进一步加强安全生产工作的组织模式，寻找一条更加适合形势任务和当地经济社会特点的安全生产工作道路。

尤其值得关注的是，寻找更加有利于加强安全生产工作模式和道路的改革方式，并不会因为深圳市独立设置安全监管局这一决定而有所停滞，随着安全生产工作进入"十四五"新的时期，沿着进一步加强安全生产工作的道路，我们需要更加努力地在安全生产工作领域中寻找改革创新的新思路，也需要在实践中对思路进行适时调整。一方面，源于对安全生产工作形势依然严峻的科学研判；另一方面，源于"十四五"时期"推进统筹发展和安全""防范和化解影响我国现代化进程的各种风险""推进国家治理体系和治理能力现代化"战略的迫切需要。

事实上，新时期，安全生产工作面临着牢固树立安全发展理念、健全公共安全体系、完善和落实安全生产责任和管理制度、实现党政同责、一岗双责、失职追责、健全预警应急机制，以及加大监管执法力度等一系列重大任务，当前安全生产机构和队伍改革的任务依然繁重而紧迫。安全生产事关发展，涉及民生，影响稳定。毋庸置疑，安全生产不是哪一个部门的事，实现安全生产是各级各部门乃至全社会的共同责任。所以，从一定意义上说，决定安全生产形势稳定好转的关键，并非看一个地区是否单独设置安全生产监督管理部门；而主要看各级党委和政府科学发展、安全发展观念树立得牢不牢，有没有坚持人民利益至上，把安全生产放在首要位置，切实增强政治意识、忧患意识和责任意识；还要看"五级五覆盖""五落实五到位"是否到位，安全生产的法规标准是否建立健全，安全监管的权利清单、责任清单、负面清单是否厘清，是否按照习近平总书记提出的要求做到"脚踏实地、真抓实干，敢于担当责任，勇于直面矛盾，善于解决问题，努力创造经得起实践、人民、历史检验的实绩"。

二、安委办从安监局剥离的探索

除了安监机构独立的改革与恢复外，各地安全生产委员会办公室长期以来设在安监局，也存在职责不清、调度不力、监管不实等问题，使本应该发挥牵头抓总、全面协调、综合监管作用的安全生产委员会办公室形同虚设。为了能使安全生产委员会办公室发挥其应有的作用，解决上述问题，山东省平邑县也开始了将安全生产委员会办公室从安监局剥离的探索。

平邑县认真贯彻《中共中央国务院关于推进安全生产领域改革发展意见》，立足基层安全生产工作实际，经过一番探索，总结相关工作经验，创新安全生产监管体制机制，将县安全生产委员会办公室从县安监局中剥离，形成各负其责、齐抓共管的格局，充分发挥了安全生产委员会办公室组织、协调和督促作用，探索出了一条安全生产综合监管的有效之路。从此，县安全生产委员会办公室的工作由"虚"变"实"。

平邑县是全国首个实施这一做法的地区，可谓"第一个吃螃蟹的人"，并由此项创新之举获得一定成效。此次改革的方式为将原综合科、宣教科撤并整合，设立了安全生产委员会办公室综合科、宣传科和两个督查科，由1名安监局班子成员专职负责日常工作。建立了联络员队伍，成员为各镇街和专业委员会分管领导，实现了"竖到底、横到边、有人干、能干好"。平邑县通过抓好"四到位"，工作职责到位、办公场所到位、人员配备到位、工作机制到位，走出了一条加强安全生产委员会办公室建设的好路子。具体表现如下。

（一）重新划清责任

以前，安全生产委员会办公室职责与安监局职责相互交织，经常出现"大家都该管、结果都没管"的问题。因此，平邑县把安全生产委员会办公室的职责从安监局"三定方案"中剥离出来进行细化、强化，明确了安全生产委员会办公室10项具体职责，将职责重点锁定在承担县安全生产委员会日常工作、充分发挥综合管理监督和指导协调全县安全生产工作上。其中，特别指出了以下达年度目标任务、组织年度考核为抓手；开展全县安全生产大检查、专项检查和相关领域专项整治等活动；探索完善隐患排查整治和动态监控长效机制；督促各镇街落实属地管理责任；指导协调和督导各有关部门和各专业委员会落实行业监管责任；督促各安全生产主体落实主体责任；协调解决全县安全生产工作中的重大问题；保障安全生产委员会办公室职能发挥。

（二）人员编制加强

在安全生产委员会办公室机构编制未解决的情况下，平邑县为安监局增加人员编制，专门用于安全生产委员会办公室建设，又从部门和镇街抽调了8名优秀的工作人员，加上安监局综合科的人员，共有18名安全生产委员会办公室专职人员到位，专门从事安全生产委员会办公室的日常工作。同时，县安监局将原综合科、宣教科进行撤并整合，设立了安全生产委员会办公室综合科、宣传科和两个督查科，明确了各科室的工作职责和每名工作人员的岗位职责，由1名安监局班子成员专职负责日常工作。此外，该县建立了以各镇街和专业委员会分管领导为成员的联络员队伍，真正实现了安全生产委员会办公室工作"竖到底、横到边、有人干、能干好"。

（三）配套机制跟上

在对全县安全生产工作进行深入调研的基础上，平邑县制定出台了《安全生产委员会办公室工作程序规则》，建立了六项机制，加强安全生产委员会办公室对全县安全生产工作的组织领导和指挥调度，落实综合协调监管，提升工作水平。这六项机制分别是工作规划机制、协调调度机制、督查督办机制、通报曝光机制、目标管理机制、评估评价机制。

对于安全生产委员会办公室独立运作的做法，各级领导到平邑县视察安全生产工作时给予了充分肯定，称"安全生产委员会办公室的权威逐步树立起来了"。除了树立权威，安全生产委员会办公室自身建设也得到充分加强，概括为以下12个字四个方面。

"手长了"：肩负着综合监管的职责，安全生产委员会办公室的"手"变长了。安全生产委员会办公室做实后，有了充足的人手，其牵头协调、指导、检查、督导等各项工作变得及时有效，工作触角得到进一步延伸，以前一些无暇顾及的工作现在也能得心应手地抓起来，县安全生产委员会办公室的职能得到充分发挥。改变了以往"开开会，发发文，只挂号，不看病"的状况。

"腿勤了"：加强督查督办，让安全生产委员会办公室的"腿"越来越勤快。通过督查、交办、曝光等方式，对发现的问题及时交办责任单位，能整改的立即整改，不能立即整改的明确具体整改措施、整改时限以及整改责任人，并在"安全365"节目中进行跟踪报道，对安全工作不力的单位和责任人进行通报曝光，极大地增强了各专业委员会的工作主动性，使之由原来的"等工作"逐渐转变成了主动排查问题，整改隐患。

"声响了"：平邑县注重在全社会营造浓厚的安全氛围，让安全生产委员会办公室发出的声音越来越响亮。通过进一步强化安全生产舆论引导和宣传教育，做到了具体的安全生产工作时时有人抓，街道旁处处有标语，广播里天天有声音，电视里天天有影像，网站报刊期期有报道。如今，安全成为群众经常谈论的话题，安全生产的社会影响面日益扩大。

"腰硬了"：随着受到的认可越来越多，安全生产委员会办公室的"腰板"更硬了，在安全生产工作部署、落实上效率明显提升。自安全生产委员会办公室从安监局剥离以来，协调、指导、监察、督导活动一个接一个，安全生产委员会办公室先后组织对烟花爆竹、建筑施工、森林防火、大型游乐场所等行业领域，以及属地镇街的安全生产情况进行督查。

通过工作实践，平邑县安全生产委员会办公室的权威逐步树立，影响力不断增大，成效得以充分显现。全县构建了以安全生产委员会办公室为中心，以行业监管为纵轴、属地镇街为横轴的安全生产工作格局，形成强大合力，解决了以往各部门和属地单位各自为战、配合不力的局面。虽然平邑县安全生产委员会办公室做实的工作仅仅是探索之路上迈出的第一步，却是坚实有力的一步，也是开拓创新的一步，真正开拓出了一条符合平邑实际、具有平邑特色的安全生产监管之路。

三、优化监管职责配置，强化基层执法力量

广东省围绕安全生产监管行政职能转变，进一步优化职责配置、规范权力运作、强化基层力量，不断完善安全生产监管体制机制，主要体现在以下几个方面。

（一）优化职责配置

广东省人民政府办公厅重新印发了省安全监管局"三定"规定，进一步优化安全生产监管职能配置。一是更加固化安全生产责任体系。明确安全生产监督管理部门履行安全生产综合监管职责，具体负责指导协调和监督检查本级政府负有安全生产监督管理职责的部门及下级政府的安全生产工作；各负有安全生产监督管理职责的部门按照"三个必须"的要求，依法具体负责本行业领域的安全生产与职业卫生监管工作。二是更加强化事中事后监管。大力实施简政放权，推动监管职能实现转变。从注重落实政府责任向推动落实企业主体责任转变，从以行政审批为主向借助第三方力量进行安全条件把关转变，从查处事故隐患向严格监管执法，查处安全生产违法行为转变。三是更加注重行政效能的提升。将原本分散在各处室的行政许可审批、中介机构监管、诚信制度建设、考核培训等职能整合到一个部门办理，进一步提高监管效能。四是更加重视安全风险防控。在相关处室加挂"事故风险防控处"牌子，加强重特大生产安全事故和重大职业病危害的风险预警监测工作，推动构建点、线、面有机结合，无缝对接的安全风险分级管控和隐患排查治理双重预防性工作体系。五是更加实化重点领域安全监管链条。针对油气管道保护工作责任分工不够明晰，个别监管环节存在漏洞的现状，规定了广东省发展改革委等部门的监管职

责,使油气管道领域安全监管链条更加紧密。

(二)规范权力运作

一是监管执法规范化。以标准化建设为抓手,从执法制度、执法行为、执法监督、执法保障等方面入手,积极推进以规范执法监察行为为重点的安全生产执法监察标准化建设,形成了执法组织建设、队伍管理、执法行为、执法保障"四个标准化"和检查指南、办案流程、执法案卷归档"八个统一"。二是"两法衔接"制度化。建立了安全生产领域行政执法与刑事司法衔接工作机制,建立联席会议制度,强化执法协调配合。确定移送标准,规范移送程序,对非法制造、买卖、储存爆炸物等14种安全生产违法行为所适用的移送标准逐一明确。规范安全生产涉嫌犯罪案件移送工作,及时有效查处安全生产违法犯罪行为,防止有案不移、以罚代刑。三是权力责任清单化。按照简政放权、放管结合、优化服务、转变政府职能的要求,梳理出省局行政职权共343项,其中行政许可1项、行政处罚272项、行政强制13项、行政检查18项、行政指导21项、其他行政职权18项,以清单形式列明试点部门行政权责及其依据、行使主体、运行流程等,推进形成边界清晰、分工合理、权责一致、运转高效、依法保障的职能体系。同时,着力加强事中事后监管,确保行政审批制度改革落实到位,防止行政审批事项取消、下放、转移后出现监管职能"缺位"或"不到位"的现象。

(三)强化基层力量

坚持关口前移、重心下移,建立健全各乡镇(街道)以及省、市级以上各类开发区(含工业园区)的专职安监员队伍。根据乡镇、街道以及各类开发区事权的变化,结合当地的经济社会发展水平确定安监员的数量。原则上珠三角地区每乡镇(街道)配备8—25名,特大镇(街道)适当增加;粤东西北地区每个乡镇(街道)配备3—6名,其中较大镇街不少于6名;国家和省级开发区配备6—10名,其中珠三角地区不少于 10 名，粤东西北地区不少于 6 名；市级开发区配备 4—8 名。今后，辖区内每增加 100 家生产经营单位，相应增配 1 名安监员。全省增加专职安监员近 1 万名。同时，规范工作职责、招聘条件、工资待遇和管理制度。签订劳动合同，明确岗位职责、权利义务，规范安监员的行为。安监员工资水平与所从事职业的高危险性相适应，参加社会保险，享受住房公积金待遇，建立企业年金并购买必要的商业保险。

广东省通过以上三个方面的改革，明确了安全生产责任体系，强化了监管力度，提升了行政效能，做到了执法规范化、制度化、清单化，不仅明确了安监人员的岗位职责和权利义务，同时提升了安监人员的薪酬待遇，让安监人员能够更积极地投入安监事业中。真正做到了优化监管职责配置，强化基层执法力量。

第三节 改革完善我国安全监管监察体制的建议

一、安全监管体制存在的若干问题

（一）安全监管主体角色定位问题

1. 安全生产委员会办公室和安监部门职责混淆

安全生产委员会是各级党委和政府组织领导安全生产工作的协调议事机构，属于非常设机构，其办公室大多设在安全监管部门，安全生产委员会办公室日常工作顺理成章地变成了安监部门的事，限于安全监管部门的职能、地位等方面原因，安全生产委员会办公室作为安全生产委员会的办事机构，表现出协调乏力，权威性不足的缺陷。

2. 安监部门自身身份重叠

依据有关规定，安监部门既是"指导、协调、监督、检查、巡查、考核"同级政府部门和下一级政府的综合监管部门，又负责危险化学品及部分工矿商贸企业安全生产的直接监管，这种"裁判员＋运动员"

的双重角色导致综合监管的定位模糊不清、职责分工不明。

3. 各级安全监管部门上下级之间职能分工不明确

各级安全监管部门上下级之间经常出现"叠加式""交互式"执法,"千条线"穿企业"一根针",企业要面临国家、省、市、县、乡镇(街道)安全监管部门及相关行业管理部门的多重执法,增加了企业负担。

4. 安监部门与其他部门职责交叉

安监部门开展监督检查尤其是对危险化学品企业,涉及较多防火、防爆及特种设备的监督检查事项,与消防、质检等部门职责交叉;在行政审批环节如加油站,既需要经信委颁发成品油经营许可证,又需要安监部门颁发危险化学品经营许可证,同样存在职责交叉。

(二) 综合监管与行业监管边界把握问题

1. 综合监管与行业监管边界不清

综合监管工作缺少具体细化规定,与行业直接监管职责边界不清、关系不顺,哪些情形由行业部门直接监管,哪些情形由安全监管部门综合监管不明确。从而形成"综合监管"就是"什么都要管"或者"没人管的你来管"的误区,导致安全监管范围过于宽泛、责任无限而实际无法真正落实。

2. 行业监管职责存在交叉

"管行业必须管安全",但到底谁来管、管什么、管到什么程度不明确。相关法律法规和部门"三定"规定中没有明确梳理每个部门的安全监管责任和权力,地方层面缺乏执法依据,一些部门甚至以此为由不履行安全监管责任。例如,工信部门是否是所有工业领域的安全监管部门;交通运输、住建、农业等部门至今尚未独立设置安全监管机构,国土、能源、旅游等部门尚没有专门的监管执法人员;等等。云南安监局反映能源主管部门虽被赋予油气管道保护职责,但其主要行使政策规划职能,安全监管手段不足、监管力量薄弱。

(三）个别领域安全监管存在漏洞问题

1. 矿山安全监察体制不顺

煤矿和非煤矿山开采技术工艺相似，煤矿和非煤矿山安全监管监察执法资源被划分在不同部门，没有形成相对集中综合的执法体制。全国非煤矿山要承担7万余座矿井的监管任务，国家层面仅靠总局一个司、几个处室，显然力量不足。全国统一垂直管理的煤矿安全监察体制与地方行政管理体制在一定程度上也存在不协调、不顺畅。例如，煤矿企业要面临煤矿安全监察机构、安全监管部门、煤矿及能源行业管理部门的多重监管执法。

2. 危险化学品领域存在监管漏洞

全国各类危险化学品企业30余万家，职能分散在生产、储存、销售、运输、使用多个安全监管部门，但监管力量却十分薄弱，国家安监总局仅有业务司内的1个处、2—3个人负责，省级以下特别是县乡一级几乎没有专业监管人员。在监管过程中常出现脱节、漏洞和执法依据不足等问题。例如，天津港"8·12"事故暴露出功能区危险物品存储环节存在的监管漏洞。

3. 部分行业领域存在监管盲区

海上石油开采监管存在空白。国家安全监管总局在海洋石油企业设立分部的做法，不属于行政授权或者行政委托，采取由中央石油企业总部设立分部自行监管的体制。2004年以来，各分部、监督处没有开过一张罚单，即使发生事故，也只是企业内部扣罚奖金或行政处分草草了事。

铁路、电力、民航、共管水域等国家部委直管或中央直属企业，或跨区域领域，地方未设监管机构，无法履行属地监管职责，却要承担事故指标和"一票否决"后果，地方政府对此反应强烈。例如，贵州省铁路建设及运行属于成都和广州铁路局监管，地方没有监管机构；电力建设及运行属于国家能源局贵州监管办监管，而市（州）、县没有监管机构。

随着城市化建设进程的加快,一些大规模的商务园区随之进驻,新建商务园区内所属企业安全管理缺位,安全事故高发、多发。全国3300多家产业园区,一半以上没有设专职的安全管理部门,成为安全监管的盲区。

(四)安全监管执法地位问题

一是一些地方仍未发文明确安全监管部门作为政府工作部门和行政执法机构。安全监管部门的编制、经费、装备、技术支撑等配置标准与工商、质检、城建等传统行政执法机构有差距,还有一些地方财政部门以财行〔2012〕3号文件为由,仍未落实安全监管部门执法用法。二是国家层面尚未建立一支完整的自上而下的安全生产专业执法队伍,多数地区已成立的安全生产执法大队也仅为事业编制,未被纳入参公管理,无法履行行政执法职责。三是基层安监队伍与繁重的执法任务不相称,全国县级安监部门人均监管600多家企业,任务重的地区矛盾更加突出,乡镇、街道、功能区则普遍存在安全监管无机构、无专人、无经费、无职能等问题。

(五)新时代应急管理体制建设形势严峻

为了满足新时代中国特色社会主义建设关于安全监管的要求,全力解决应急管理领域发展不平衡不充分的矛盾,同时为了提高国家应急管理能力和水平,提高防灾减灾救灾能力,确保人民群众生命财产安全和社会稳定,在借鉴国内外经验的基础上,我国于2018年4月正式成立了应急管理部,形成了统一指挥、专常兼备、反应灵敏、上下联动、平战结合的中国特色应急管理体制。习近平总书记指出,"当前我国国家安全内涵和外延比历史上任何时候都要丰富,时空领域比历史上任何时候都要宽广,内外因素比历史上任何时候都要复杂,必须坚持总体国家安全观"。所以,新时代应急管理体制建设面临着十分严峻的形势。

1. 多部门跨灾种应急管理职能亟待整合

应急管理部的组建,将安全监管、国务院应急办、公安消防、民政救灾、地质灾害、水旱灾害、草原防火、森林防火、地震、防汛抗旱等职能整合。在这些职能整合过程中,有的职能如安全生产、公安消防等已形成了较为成熟的应急管理模式和流程;有的职能是针对较为特殊的灾害类型,比如森林防火、防汛抗旱等往往具备较强季节性和地域性特点,需要在特殊时间或特定区域进行针对性的预防和应急工作。所以将这些职能进行有机融合,尤其是在人员、队伍和流程等方面进行深度融合是首先要面临的挑战。

2. 应急管理风险治理工作亟待加强

风险治理理念和关口前移策略已经是当前应急管理工作逐步形成的共识,应急管理部如何针对不同类型灾害进行预防准备、风险评估、监测预警、风险沟通等风险治理工作将面临挑战。因为对每一类灾害的风险管理都是非常专业的工作,需要大量的人员及科技的支撑,比如气象部门、水利部门、国土部门等部门的协同,所以如果想要将风险治理的理念落实,仍需要与以上部门进行无缝的跨部门协调才能完成。

3. 地方政府应急机构建设需要进一步统筹优化

由于中央机构改革先行,省、市、县应急管理体制和应急救援队伍如何进行改革还没有具体方案。各省、市、县所面临的自然灾害和事故灾害的类型和风险程度差异很大,需要各地在不违背中央改革要求的前提下,因地制宜地选择适于本地区特点的改革思路和措施。为确保现有应急管理体制,特别是省、市、县三级的平稳过渡,应急管理部需要在摸清全国应急力量底数的情况下,提出地方政府强化应急力量的"指导意见"。根据地方自然灾害和事故灾难的特点,研究如何合理划分事权,统筹优化省、市、县三级应急救援机构和队伍等。

此外,机构改革后,应急管理部门与其他部门之间的职责边界、职责交叉事项，或者在工作流程上需要不同部门分阶段或分环节管理事项的责任划分等，常态性涉及多个部门管理事项的协调议事机制等也亟待解决。

4. 地方政府应急力量亟待加强

我国现有消防、森林武警等建制专职队伍的人员构成、编制情况，例如干部、士官、义务兵、聘用人员比例，转职后地方编制安排，以及我国各级地方政府管辖的民兵预备役应急队伍、各类专业救援队，志愿者队伍的分布、人员构成和专业技能等情况亟待加强和进一步研究解决。

二、安全监管监察体制改革的对策建议

（一）调整国家安全监管体制，强化监察执法职能

一是按照精简、统一、效能的原则，原国家安全监管总局不再承担各种行政审批事项和行业安全监管职能，专司安全生产监察执法，并按职能调整内设机构，强化指导协调、监督检查、巡查考核、政策法规制定、执法监督、科技创新、宣传培训、应急管理、事故调查等职能。地方各级安全监管部门参照总局调整。二是强化各级安全生产委员会的组织领导，鼓励各地由党委、政府主要负责人同时任安全生产委员会主任，党委常委或政府常务负责人任常务副主任，组成人员调整为各相关部门主要负责人，将组织、宣传、机构编制等党委相关部门及法院、检察院等相关机构纳入安全生产委员会成员单位。强化各级安全生产委员会办公室职能，地方各级安全监管部门主要负责人任同级安全生产委员会副主任，并兼任安全生产委员会办公室主任。设置安全生产委员会办公室专职副主任，由安全监管部门副职担任，增设专门负责安全生产委员会办公室日常工作的二级部门。三是探索设立中央安全生产督查组工作办公室，设在国家安全监管总局，接受中央、国务院指派，形成常态化巡视、督查工作机制，实施"党政同

责、一岗双责、齐抓共管"。设立执法监督局，组织指导、监督监察地方安全监管部门的监察执法工作；设立事故调查司，承接国务院委托的重特大安全生产事故调查工作，指导全国安全生产事故调查工作。四是建立安全生产分类分级监管执法机制。国家级以指导协调、巡查考核、政策规划、法规标准制定、执法监督等为主要职责；省级以政策规划、地方法规制定、组织执法、督办落实等为主要职责；市级以重点治理、专项执法、综合保障等为主要职责；县级以日常监管、综合执法、督促整改等为主要职责。

（二）按照"法定化""网格化"思路，理顺综合监管与行业监管的关系

一是明确负有安全监管职责部门的执法资格和权利。在《中华人民共和国安全生产法》《安全生产法实施条例》以及部门"三定规定"中，提出负有安全生产监督管理职责部门的具体名单，明确其安全生产行政执法资格、权利和责任。二是强化相关部门安全监管体系，重点行业领域负有安全监管职责部门要独立设置安全监管机构，组建专业执法队伍。其他行业领域管理部门要明确负责安全管理的机构和人员。对已明确由其他部门负责安全生产监督管理的行业领域，安全监管部门不得以履行综合监督管理职责的名义对企业开展执法活动。三是充分利用现有体制机制框架，建立省、市、县三级安全生产网格化监管体系，划清各级安全监管部门执法范围和对象，逐一落实所有生产经营单位的行业管理、专项管理和综合监管责任部门，形成"体系完整、构架清晰、环节突出、责任落实"的"网格化＋安全生产"机制，实现"一对一"实名制监管执法，避免监管漏洞和重复执法。

（三）改革和优化重点行业领域安全监管机构设置，堵塞监管漏洞

一是将国家煤监局改组为国家矿山安全监察局，优化安全监察机构布局，实现煤矿与非煤矿山一体化监察执法。二是设立副部级国家危险物品安全监察局，参照国家煤矿安全监察体制，建立国家垂直管

理的危险物品安全监察体制，直接、全面监督监察危险物品（全世界用量第一）、民爆物品（工信部负责监管）、油气管道、烟花爆竹等。在南海、东海、渤海区域设立3个海洋石油作业安全监察分局，配备行政执法人员，对海洋石油作业安全实施区域监察。三是通过国家层面立法修法对各类开发区、工业园区、港口、自贸区、风景区等功能区安全监管体制进一步明确细化，原则上国家级、省级功能区和所有化工园区设立安全监管机构，其他功能区明确负责安全监管的机构和人员。对于一些新产业、新业态，按照"谁审批、谁负责"的原则和政府研究决定的办法，明确界定行业主管部门，落实行业监管责任。四是明确各行业、各环节安全监管责任清单。建立涵盖采矿业、制造业、建筑业等所有国民经济行业分类，纵向包括项目立项、规划、设计、施工及生产、储存、运输、销售、使用、废弃处置等各个环节的安全监管责任清单，并协调各级编办写入相关部门"三定"规定，全面疏堵监管漏洞。

（四）确立安全监管部门行政执法地位，充实基层执法力量

一是推进落实中央《意见》要求和《国务院办公厅关于加强安全监管执法的通知》有关规定，与中央编办、公务员局等有关部门协调，将地方安全监管执法机构纳入同级政府行政执法机构序列，明确安全执法地位，保障机构编制、执法应急用车等。在所属公务员的分类管理、职位设置、职务职级管理等方面按照《行政执法类公务员管理规定（试行）》执行。二是加强安全生产执法队伍建设，明确安全生产监察执法大队作为行政执法机构的事业单位及事业编制人员的性质，统一纳入参公管理，强化行政执法职能。三是加强基层监察执法队伍建设。在市、县级安全监管部门设立副处、副科级的专门监察执法队伍，县级探索实行安全生产综合执法。重点乡镇街道设置安全监管机构，配备专职执法人员，其他乡镇街道采取派驻执法、委托执法、授权执法等形式，明确负责安全监管的机构。村（社区）配备安全协查员，在高危行业领域鼓励实行驻厂（矿）安监员。四是充实基层执法人员。根据地区人口总量、企业数量、经济规模等，明确各级安全监管部门和执法监察队伍人员配备标准。统筹政府行政执法人员编制，重点充实市、县两级安全监管执法人员，统一纳入参公管理，强化行政执法职能，将日常行政执法工作重心下移。可采取政府采购服务方式，激发市场参与动力，以合同约定等形式聘用劳动合同制人员，建立辅助监管执法队伍，协助开展监察执法工作。五是落实监管执法保障。各级政府将负有安全监管职责部门纳入行政执法机构序列，发改、财政、人力资源等部门切实保障机构编制、经费、执法应急用车等。参照司法机关的标准，提高并落实负有安全监管职责部门的监管执法人员岗位津贴，购买意外伤害保险。

（五）加强应急管理体系建设

1. 确立以安全生产为"基本盘和基本面"的应急管理工作

习近平总书记等中央领导同志关于加强当前安全生产工作的重要指示精神指出，要把安全生产始终放在突出位置，作为应急管理工作的基本盘和基本面，始终作为丝毫不能放松的基本任务和基本保障，狠抓安全防范责任措施落实，坚决遏制重特大事故发生。

（1）强化安全问题整改。改革开放以来，国家经济建设突飞猛进，高速发展。但一些地方安全规划不合理，安全设施不健全，安全器材配备不到位，造成安全防范能力差，安全应急水平不高，安全救援跟不上，从而使一些安全隐患变成安全事故，对国家和人民的生命财产造成损害，产生一些不可挽回的损失。所以，要进一步高度重视安全，通过不懈努力，弥补历史欠账，提高安全管理和防范能力。

（2）加快安全生产思想转变。从物质的极端匮乏到产品的极端充沛，我们仅用了几十年的时间。然而，一部分人的思想还停留在要效益不顾安全、求发展漠视安全的地步。安全意识不强，安全知识欠缺。对安全从不懂、不会到不怕，从而在主观上轻视安全管理，低估安全形势，忽视安全隐患，最终酿成安全事故。因此，要想从思想上扭转人们对安全的轻视，就必须警钟长鸣，常抓不懈，保持高压态势，让更多的人实现从"要我安全"到"我要安全"的真实转变。

2. 坚持以防为主、预防第一的思想

习近平总书记指出，要"进一步增强忧患意识、责任意识，坚持以防为主、防抗救相结合，坚持常态减灾和非常态救灾相统一，努力实现从注重灾后救助向注重灾前预防转变，从应对单一灾种向综合减灾转变，从减少灾害损失向减轻灾害风险转变，全面提升全社会抵御自然灾害的综合防范能力"。因此，应急管理工作要坚持以防为主、预防第一的思想，建立完善风险防控体系，强化风险研判和评估，建立起有针对性的应急预案，着力防范风险、化解风险，同时完善隐患排查治理体系，深化重点行业领域安全整治，有效防范和遏制重特大事故发生。此外，还要强化救早、救小，及时掌握灾情信息，早研判、早行动，快速响应、科学施救，防止小灾演变成大灾，最大限度地减少灾害损失。

3. 加强政策研究

应急管理工作是一项政策性很强的工作，涉及应急预防、准备、响应和恢复等环节，需要持续开展理论研究和创新，为顶层设计提供理论基础支撑。

（1）建立健全政策研究专门机构。着眼应急管理机构职能职责定位，统筹整合相关单位政策研究力量，优化政策研究团队。

（2）推动政策研究与课题研究深度融合。统筹各单位、各部门课题研究，协调建立应急管理课题数据库，避免重复研究。加强课题设计，提升课题研究的效能，增强政策研究的针对性和实效性。

（3）推动政策研究与法律法规标准的深度融合。推动将重大政策转化为法律法规和标准，为应急管理工作提供制度和法律保障，确保重大改革于法有据。

(4) 加强应急管理政策研究交流。加强与其他部委和科研院校的沟通联系，发挥专家学者的理论优势，以更宽广的视野推动应急管理政策研究。建立健全调研成果、课题研究成果交流制度，提升政策研究的理论水平。

4. 优化整合法律法规

西方主要发达国家在开展应急管理工作时坚持立法先行，通过立法工作明确了各层级政府的应急管理主体职能和处置权限，明晰了行政紧急权和公民合法权益，最大限度地调动了市场机制、减轻了政府的负担、确保了应急管理工作稳步推进。

当前，我国应急管理涉及的法律有以《中华人民共和国突发事件应对法》为主的7部法律和10多部行政法规，这些法律和行政法规"专门性强、综合性弱"的特点较为突出，需要进一步优化整合，以适应将防灾减灾工作上升为国家应急管理工作层次的需求。同时，需要对现有法律、制度、措施、规划等进行修改完善。

(1) 加强应急管理立法框架体系研究。坚持高起点规划、高标准建设的原则，研究提出应急管理法制建设总目标、总框架，明确重点项目和完成时限，推动形成系统完备、内容科学、衔接配套、切实管用的应急管理法律体系。

(2) 加快重点行业领域立法工作。围绕机构改革涉及的法律法规和应急管理薄弱环节，重点推进《中华人民共和国突发事件应对法》《中华人民共和国消防法》《中华人民共和国安全生产法》《自然灾害救助条例》《中华人民共和国安全生产法实施条例》等法律法规的制定修订工作，健全完善灾害保险法和再保险法。

(3) 深入推进科学立法、民主立法。牢牢把握新时代应急管理的主要矛盾和突出问题，综合运用"立、改、废、释"补短板、强弱项、防风险。健全立法起草、论证、协调、审议机制，探索建立基层立法联系点、委托立法、委托调研等制度。

5. 树立系统思维

推动形成统一指挥、专常兼备、反应灵敏、上下联动、平战结合的中国特色应急管理体制，一个重要目的就是整合优化各种应急力量和资源，这就要求我们在应急管理中树立系统思维。

(1) 加强事前事中事后管理的有机衔接。传统的应急管理更多强调事中和事后管理，如事中管理强调对事故的响应、救援和处置等，努力将伤亡和损失最小化；事后管理强调恢复重建、保险理赔等。但是安全问题与其他问题不同，在强调事中和事后管理的同时，事前的预防更不能放松和削弱，而且事后管理要强化责任追究。这就需要树立系统思维，把事前、事中、事后有机衔接起来进行综合管理，既要从事中应急管理转向事前预防、预警管理，也要从事后恢复管理转向追究责任人、杜绝危机再发管理。当前，特别要强化事前预防、预警管理，构建安全风险防范和预警机制。应通过风险预测、数据管理、信息分析、专家咨询、动态模拟、预警演示等手段，及时排查化解安全隐患、消除重大风险，防止事故、危机的发生或者努力控制其范围、程度，使其不造成严重灾害。强化事前预防、预警管理，还要在全社会培养风险意识，使整个社会都能齐心协力，尽早发现并化解苗头性、倾向性风险。

(2) 形成宏观、中观、微观多层次综合管理的有机统一。国家和社会是一个十分复杂的系统，由各种各样的要素构成，具有不同的层次和结构。提高应急管理能力和水平，需要树立系统思维，既在宏观上把握大势、加强顶层设计，又从中观、微观入手加强管理，提出有针对性的举措。要运用系统思维从宏观上分析公共安全领域的各种问题及其相互关系，全面把握、通盘考虑，提出总体目标，形成总体思路，制定总体规划；同时，进行层次分解，把各个领域所有可能出现的问题弄明白、想清楚，既充分考虑现实中存在哪些风险，又要考虑未来可能引发哪些风险，按照危险度大小进行分类，并确定相应的对策,最终落细、落小、落实。

(3) 强化综合治理。过去一个时期,应急管理存在专业条块分散管理的问题。组建应急管理部,将原来分散在各个部门的应急管理职能整合起来,就能有效整合优化各种应急力量和资源,使应急管理从分散管理走向综合治理,避免各自为政。

6. 坚持重心下移

国务院关于机构改革方案的说明指出,按照分级负责的原则,一般性灾害由地方各级政府负责,应急管理部代表中央统一响应支援。这一说明基本明确了中央和地方在灾害管理方面的事权关系。同时,鉴于一般性灾害较多、特别重大灾害偶发的实际情况,应急管理工作的重心应坚持下移,更加突出基层应急管理的基础性地位。因此,一要优化各级地方政府资源配置,提高地方政府和基层相关部门独立处置一般性灾害的能力。二要逐步将应急管理工作与网格化管理结合起来。可借助安全生产网格,充分利用现代化信息技术和管理手段,提高应急管理精细化水平。三要增强基层的防灾救灾意识,提高其互助能力。不断拓宽应急管理中社会协同和公众参与的路径,将居民的"自救"、邻里社区的"共救"与政府的"公救"有机结合起来,突出"自救"与"共救"能力,稳步提升应急管理工作的社会化水平。

7. 加强宣传教育培训

增强公众的应急意识,提高其应急技能水平,加强宣传教育培训是必经之路。当前,我国的应急宣传教育培训无论是广度还是深度,都与国外发展较快的国家有一定差距。因此,要以问题为导向,尽快补齐短板。

(1) 加强应急宣传教育。健全宣传教育网络,持续加大应急科普宣教"进校园、进社区、进厂矿、进农村"的工作力度;加大社会宣传力度,增强群众的安全意识,提高群众的自救互救能力;普及安全知识,营造"全社会普及、全社会参与、全社会受益"的浓厚氛围。

（2）加强学习培训。对应急管理工作相关领导、应急管理人员、应急救援人员、应急保障人员等开展学习培训，使他们尽快熟悉应急职责、应急程序，以提升其应急能力。

（3）加强应急演练。通过常态化的应急演练，进一步完善各类应急机制，提高企业职工和社会公众应对各类突发事件的快速反应能力、应急处理能力和协调配合能力。

第六章 构建双重预防性工作机制

第一节 构建双重预防机制工作的背景

一、构建双重预防机制必要性

(一)构建双重预防工作机制是党中央、国务院的重要决策部署

党的十八大以来,习近平总书记、李克强总理等党中央、国务院领导同志多次对加强安全风险管控做出重要指示批示,《关于推进安全生产领域改革发展的意见》以及《国务院安委会办公室关于实施遏制重特大事故工作指南构建安全风险分级管控和隐患排查治理双重预防机制的意见》都对加强新时代构建双重预防性工作机制提出了明确要求。因此,构建风险分级管控与隐患排查治理双重预防工作机制,既是落实党中央、国务院关于安全生产工作的重大决策部署,也是实现纵深防御、关口前移、源头治理的有效手段。

(二)构建双重预防工作机制是当前安全生产形势的必然要求

严峻的安全生产形势要求我们加强安全风险管控工作。党的十八大以来,尽管我国的安全生产形势持续向好,但依然不容乐观。事故总量比较大,重特大事故尚未得到有效的控制,非法违法行为仍然突出,非传统高危行业领域的安全问题逐渐凸显,一些非高危行业部门和区域发生重特大事故的风险也在增加,"想不到""管不到"的事故层出不穷，究其原因，安全风险源头把关不严，隐患排查治理不扎实导致事故多发。构建双重预防工作机制既是解决当前安全生产存在深层次矛盾的主要手段，也是推动安全生产形势实现根本性好转的必然要求。

（三）构建双重预防工作机制是满足人民群众对安全期盼的重要举措

随着人民群众对美好生活需要的日益增长和生活水平的不断提高，人民群众对平安的向往和对安全的期盼越来越迫切，要求也越来越高。人民日益增长的美好生活需要对安全生产提出了新要求。安全是百姓解决温饱后的第一需求。人民群众对美好生活的向往日益增长，首先是对安全和健康的期望日益增长，全社会对安全的关注度越来越高，安全生产工作必须回应人民的期盼。广大社会公众对事故已达到零容忍程度，一旦发生重特大事故，往往引起社会的广泛议论和激烈批评。上述情况要求我们必须加强安全风险管控、搞好安全生产，严防各类事故尤其是重特大事故发生。

二、构建双重预防机制思路目标和基本原则

（一）构建双重预防机制工作思路和目标

构建双重预防机制的总体思路是准确把握安全生产的特点和规律，坚持风险预控、关口前移，全面推行安全风险分级管控，进一步强化隐患排查治理，推进事故预防工作科学化、信息化、标准化，实现把风险控制在隐患形成之前、把隐患消灭在事故前面。

双重预防机制就是构筑防范生产安全事故的两道防火墙。第一道是管风险，以安全风险辨识和管控为基础，从源头上系统辨识风险、分级管控风险，努力把各类风险控制在可接受范围内，减少和杜绝事故隐患；第二道是治隐患，以隐患排查和治理为手段，认真排查风险管控过程中出现的缺失、漏洞和风险控制失效环节，坚决把隐患消灭

在事故发生之前。可以说，安全风险管控到位就不会形成事故隐患，隐患一经发现及时治理就不可能酿成事故，要通过双重预防的工作机制，切实把每一类风险都控制在可接受范围内，把每一个隐患都治理在形成之初，把每一起事故都消灭在萌芽状态。

构建双重预防机制就是要在全社会形成有效管控风险、排查治理隐患、防范和遏制重特大事故的思想共识，推动建立企业安全风险自辨自控、隐患自查自治，政府领导有力、部门监管有效、企业责任落实、社会参与有序的工作格局，促使企业形成常态化运行的工作机制，政府及相关部门进一步明确工作职责，切实提升安全生产整体预控能力，夯实遏制重特大事故的坚实基础。

（二）构建双重预防机制基本原则

1. 坚持风险优先原则

以风险管控为主线，把全面辨识评估风险和严格管控风险作为安全生产的第一道防线，切实解决"认不清、想不到"的突出问题。

2. 坚持系统性原则

从"人、机、环、管"四个方面，从风险管控和隐患治理两道防线，从企业生产经营全流程、生命周期全过程开展工作，努力把风险管控挺在隐患之前、把隐患排查治理挺在事故之前。

3. 坚持全员参与原则

将双重预防机制建设各项工作责任分解落实到企业的各层级领导、各业务部门和每个具体工作岗位，确保责任明确。

4. 坚持持续改进原则

持续进行风险分级管控与更新完善，持续开展隐患排查治理，实现双重预防机制不断深入、深化，促使机制建设水平不断提升。

第二节　构建双重预防机制的理论基础

一、安全风险管理概念

(一) 相关概念和理论

1. 风险

在字典中，对"风险"一词的解释是生命与财产损失或损伤的可能性。在安全生产管理中，风险总是与生产事故联系在一起。由于人们对生产、生活环境和条件认识角度的不同，相关定义也有区别。国家安全生产监督管理总局组织编写的《安全评价》中，将风险解释为风险是危险、危害事件发生的可能性与危险、危害事件严重程度的综合度量。有些专家学者认为，风险是用事故可能性与损失或损伤的幅度来表达的经济损失与人员伤害的度量。这些定义都描述了生产过程中事故的可能性和严重程度。主要表现在三个方面：①生产过程中发生事故的概率，即事故概率风险。它是用来预测生产过程中某部件、设备、工艺、场所等可能发生什么事故及其发生事故的可能性大小。②生产过程中发生事故可能造成安全与健康损害、财产损失的程度，即事故后果。③生产过程中事故发生的可能性概率与事故后果严重程度的乘积，即风险值。

2. 安全生产风险

安全生产风险是指在未来的时间内，人们为了确保安全生产可能付出的代价。它表示人们投入的安全生产风险资金、人力、物力、安全技术措施和安全管理措施等可能获得的安全生产回报，或者没有适当的安全生产投入可能产生的人身伤害、财产损失、环境破坏等代价。

3. 危险源

《职业健康安全管理体系要求 GB/T 28001—2011》中把危险源定义为可能导致人身伤害或健康损害的根源、状态或行为。此处所指的根源是指具有能力或产生、释放能量的物理实体或有害物质。如运转着的机械、易燃液体、爆炸品、噪声源、粉尘源等。行为是指决策人员、管理人员以及从业人员的决策行为、管理行为及作业行为。状态是指不良的物的状态和环境的状态等。危险源的实质是具有潜在危险的源点或部位，是爆发事故的源头，是能量、危险物质集中的核心，其构成要素包括潜在危险性、存在条件、触发因素。

4. 重大危险源

《中华人民共和国安全生产法》中对重大危险源的定义进行了明确，是指长期地或者临时地生产、搬运、使用或者储存危险物品，且危险物品的数量等于或者超过临界量的单元（包括场所和设施）。根据定义可知，对是否为重大危险源的评价就是基于其具有有害物质（如危险化学品）数量的多少，一旦失控可能造成的后果严重程度来确定。比较危险源与重大危险源，危险源既包括不安全的根源，也包括不安全的状态与行为，但重大危险源中的危险源，指的则是能力或有害物质之类的不安全的根源，而不包括不安全的状态与行为。

5. 风险点

在安全生产领域，安全风险是统称，具体风险体现在某一点上。而风险点是指可能发生事故造成严重后果的设备、设施、场所、部位、行为、活动等，它是一种客观存在，一般情况下不能被人为地消除，也不会因为人为治理而消除。结合危险源的定义可知，通常来说，风险点不都是危险源，而危险源一定是风险点。

6. 事故隐患

2008年国家安全生产监督管理总局颁布的《安全生产事故隐患排查治理暂行规定》对事故隐患定义进行了明确：事故隐患是指生产经营单位违反安全生产法律法规、规章、标准、规程和安全生产管理制度的规定，或者因其他因素在生产经营活动中存在可能导致事故发生的人的不安全行为、物的危险状态、场所的不安全因素和管理上的缺陷。

事故隐患分为一般事故隐患和重大事故隐患。一般事故隐患是指危害和整改难度较小，发现后能够立即整改消除的隐患。重大事故隐患是指危害和整改难度较大，需要全部或者局部停产停业，并经过一定时间整改治理方能消除的隐患，或者因外部因素影响致使生产经营单位自身难以消除的隐患。

7. 安全风险管理

根据能量意外释放论，要有效防控事故的发生，首先就要通过风险管理活动，辨识出可能导致事故发生的罪魁祸首，也就是诸如能量或有害物质之类的源头类危害因素，然后通过风险评估，根据其风险程度的高低，筛选出需要防控的源头类危害因素。在此基础上，有的放矢地制定出相应措施（设置屏障），通过屏障（措施）的作用达到防止能量或有害物质意外释放而导致事故的目的。

安全生产风险管理是管理的重要组成部分，是安全科学的一个分支，所谓安全生产风险管理，是针对人们生产、生活过程中的安全问题，运用有效的资源，通过实施控制手段，达到降低或消除安全生产风险的目的，最终实现安全生产的目标。安全生产的目的就是降低安全生产风险，即减少和控制生产过程中的危险有害因素和各种危害，从而减少和控制各类生产事故，尽量避免生产过程中由于各类事故造成的人身伤害和财产损失。

（二）安全风险点分类

按照风险点的概念，我们可将安全风险点分为以下几大类。

1. 场所类

如火车站、地铁站、公路客运站、公交枢纽站、渡口、码头、宾馆、饭店、商（市）场、学校（幼儿园、托儿所）、医院、养老院（福利院）、体育场（馆）、展览馆、图书馆、博物馆、寺庙、教堂、俱乐部、影剧院、礼堂、歌舞厅、监狱（戒毒所）、网吧等。这些场所的潜在安全风险有踩踏、火灾、触电、坠落、车辆伤害、雷（电）击、坍塌、滑坡、容器爆炸、锅炉爆炸、中毒、窒息等。

2. 部位类

如悬崖上的公路、陡弯等危险路段，海（水）域、河流、桥梁、隧道、收费站、垃圾堆埋（焚烧）厂（场）、危房（楼）、老旧房屋、高架路（桥）、人防工程、有地质灾害的山体和易发生泥石流的地段、矿山采空区、排土场、尾矿库等。这些部位的潜在安全风险有高处坠落、撞（翻）车、沉（撞）船、坍塌、滑坡、火灾、洪灾、风灾、雷电灾害、机械伤害、踩踏、沉陷、溃坝、物体打击、泥石流等。

3. 生产经营单位类

如煤矿、非煤矿山（含油气田），危险化学品生产、经营、储存和使用单位，烟花爆竹生产储存销售企业、纺织（服装）厂、家具（木材）加工厂（库）、民用爆炸物品生产储存销售企业、卷烟厂、造纸厂等。这些单位的潜在安全风险有瓦斯爆炸、煤与瓦斯突出、透水、冒顶、片帮、跑车、坠罐、爆炸、物体打击、井喷、火灾、中毒、窒息等。

4. 设备设施及装置类

如运营中的火（动）车、轮（游）船（客货船）、客货运汽车（特别是危险品运输车和长途大客车）、校车、电力设施、地上燃气、水、电油管线（廊）、游乐设施、电梯、塔吊、危险化学品储罐、煤气柜等。这些安全风险点的潜在安全风险有撞车、翻车、脱轨、撞（翻、沉）船、火灾、水害、爆炸、高处坠落、倒塌、触电、中毒、机械伤害等。

5. 建设项目和工程类

如各种公用、民用地表建筑工程、工地，交通建设工程（高铁、高速路、地铁、城铁及其他车站码头等建设项目），水利电力建设工程、工业农业及第三产业建设工程等。这类安全风险点潜在的安全风险有坍塌、冒顶、高处坠落、火灾、物体打击、滑坡、透水突泥、吊车倒塌、机械伤害、触电、淹溺等。

6. 各种群体性活动类

如各种陆地、水上、空中体育赛事，各种大型游园活动、灯会、庙会、花会、焰火晚会、演唱会、报告会、剪彩仪式、开工（学）典礼，以及其他各种群众性集会等。这类活动及行为的潜在安全风险有踩踏、火灾、垮塌、淹溺、触电等。

二、安全风险分级管控

（一）安全风险辨识评估

风险辨识就是识别危险源并确定其特性的过程。风险辨识主要是对危险源的识别，对其性质加以判断，对可能造成的危害、影响提前进行预防，以确保生产的安全、稳定。企业在进行安全风险辨识前应精心组织、策划、收集风险辨识评估的相关资源与信息，确保风险辨识进行得全面、充分。开展安全风险辨识必须以科学的方法详细地剖析生产系统，确定危险因素存在的部位、存在的方式、事故发生的途径及变化规律，并进行准确描述。

开展风险辨识主要考虑"三种时态"和"三种状态"下的危险有害因素，分析危害出现的条件和可能发生的事故。"三种时态"是指过去时态、现在时态、将来时态。过去时态主要是评估以往存在风险的危害程度，并确定这种危害程度的影响范围及可接受程度；现在时态主要评估现行管控措施下是否能够有效降低安全风险或降至可承受范围内；将来时态主要是辨识评估计划实施的生产经营活动可能带来的风险影响程度是否在可接受范围内。"三种状态"是指人员行为和生产设施的正常状态、异常状态、紧急状态。主要考虑人的不安全行为，机器的不稳定状态，生产环境的危险因素等。企业要对辨识出的安全风险进行分类梳理，参照《企业职工伤亡事故分类》（GB 6441—1986），综合考虑起因物、引起事故的诱导性原因、致害物、伤害方式等，确定安全风险类别。

风险评估是在风险辨识的基础上，通过定量、定性的方法确定风险导致事故的条件、事故发生的可能性和事故后果的严重程度，从而确定风险的大小和等级。安全风险评估过程要突出遏制重特大事故，高度关注暴露人群，聚焦重大危险源、劳动密集型场所、高危作业工序和受影响的人群规模。

常用的风险评估方法主要分为两大类：一类是定量分析法，另一类是定性分析法。企业根据自身实际条件选择适当的风险评估方法，表6-1列出了一些常用的评估方法及其适用范围。

表6-1 常用风险评估方法及适用范围

评估方法	评估目的	评估范围	定性或定量	可提供的评估结果			
				事故原因	事故频率	事故后果	风险等级
安全检查表法	危害分析、安全等级	设备设施管理活动	定性	不能	不能	不能	不能
头脑风暴法	危害分析、事故原因	设备设施管理活动	定性	提供	不能	提供	不能
事故树分析法	事故原因、事故概率	已发生的或可能发生的事故	定量	提供	提供	不能	概率分级
作业条件危险性分析法	风险等级	作业活动	半定量	不能	提供	提供	提供
风险矩阵法	风险等级	设备管理及人员管理	半定量	不能	提供	提供	提供

（二）安全风险分级管控

1. 风险分级

企业根据风险辨识评估结果，对辨识出的安全风险进行有效分级。按照《国务院安委会办公室关于实施遏制重特大事故工作指南构建双重预防机制的意见》要求，可将安全风险等级从高到低划分为重大风险、较大风险、一般风险和低风险，分别用红色、橙色、黄色、蓝色四种颜色标示。鉴于企业安全管理水平千差万别，风险管理水平也不尽相同，一些企业辨识评估的风险虽然等级较低，没有构成重大风险，但仍要按照风险管理的原则，监察问题导向，突出企业安全管理存在的突出问题和主要矛盾，抓住关键，研究确定企业可接受的风险程度。企业在进行风险辨识评估分级后，应按照要求编制风险清单。风险清单要明确风险类型、风险位置、风险等级、管控责任主体及管控措施等内容。对于重大安全风险应编制详细清单、汇总造册，明确重大风险存在的作业场所或作业活动、工艺条件、技术保障措施、管理措施、应急处置措施、责任部门及其工作职责等，并按照职责范围报告属地负有安全生产监督管理职责的部门。

2. 编制风险四色图

企业要根据安全风险辨识评估分级情况建立企业安全风险数据库，绘制"红橙黄蓝"四色安全风险空间分布图，突出风险等级及管控内容，"风险四色图"中要注明风险等级、风险管控及应急措施、主要安全风险、风险管控责任人等内容，并依托信息化管理平台实现"风险四色图"动态更新，对风险等级发生变化的区域或作业场所，要及时在"风险四色图"中调整风险标示颜色。各地区要组织对公共区域内的安全风险进行全面辨识和评估，根据风险分布情况及风险等级，并结合辖区上报的重大安全风险情况，编制区域安全风险数据库，绘制区域"红橙黄蓝"四色安全风险空间分布图，并实施差异化管控。

3. 分级管控

企业安全风险分级管控应遵循"分类、分级、分层、分专业"的方法，按照风险分级管控的基本原则开展。企业要建立安全风险分级管控工作制度，制定工作方案，逐一落实企业、车间、班组和岗位的管控责任，尤其要强化对重大危险源和存在重大安全风险的生产经营系统、生产区域、岗位的重点管控。各地区、各部门要督促企业落实风险分级管控职责，结合企业风险辨识和评估结果及隐患排查治理情况，组织对企业安全生产整体状况进行评估，确定企业安全风险等级。同时，建立风险等级动态调整机制。按照分级属地管理原则，实施企业风险分级分类监管，根据不同风险等级的企业，确定不同的执法检查周期、重点检查内容等，实行动态、精准化监管执法。对企业辨识出的重大安全风险和重大危险源，要落实到具体部门监管责任，加强检查督促，推动企业严格实施管控整治措施，对安全风险管控不到位的企业，要依法严肃查处。

（三）风险公告警示

企业要建立安全风险公告制度，及时将本单位安全风险情况公示，确保管理层和每名员工都掌握安全风险的基本情况及防范、应急措施，安全风险要在醒目位置和重点区域设置安全风险公告栏，制作岗位安全风险告知卡，标明主要安全风险、可能引发事故隐患类别、事故后果、管控措施、应急措施及报告方式等内容。对存在重大安全风险的工作场所和岗位，要设置明显警示标志，并强化危险源监测和预警。

三、事故隐患排查治理

（一）隐患排查方式方法

企业常用的隐患排查方法主要包括：日常隐患排查、综合性隐患排查、专业隐患排查、季节性隐患排查、重大活动及节假日前隐患排查、事故类比隐患排查、聘请专家隐患排查等。

日常隐患排查是指部门、班组、岗位员工的交接班监察和班中巡回检查，以及基层单位领导和工艺、设备、电气、仪表、安全等专业技术人员的日常性检查。日常隐患排查要加强对关键装置、要害部位、关键环节、重大危险源的检查和巡查。

综合性隐患排查是以保障安全生产为目的，以安全责任制、各项专业管理制度和安全生产管理制度落实情况为重点,由各有关专业和部门共同参与的全面检查。

专业隐患排查主要是指根据国家有关法律法规及相关规定、季节性特点及实际情况,由归口专业管理部门针对不同的设施、设备、电气、消防等事项定期或不定期进行的专业性安全检查。专项隐患排查要制定工作方案,隐患排查工作方案中应明确排查的要求,如组织人员、采取预定的排查方式、方法,排查的范围,工作程序等。

季节性隐患排查是根据各季节性特点开展的专项隐患排查,主要包括:①春季以防雷、防静电、防触电、防解冻坍塌为重点;②夏季以防雷暴、防洪、防暑降温为重点;③秋季以防火、防静电为重点;④冬季以防火、防雪、防冻、防滑为重点。

重大活动及节假日前隐患排查是指在重大活动和节假日前,对生产是否存在异常状况和隐患、备用设备状态、备品备件、生产及应急救援物资储备、企业保卫、应急工作等进行的检查。事故类比隐患排查是对企业内或同类企业发生事故后的举一反三的安全检查。

(二)生产经营单位事故隐患排查治理责任

事故隐患与生产经营活动相伴而生,始终伴随生产经营活动的全过程,某些事故隐患一旦形成,即便停止生产经营活动也不能彻底消除事故风险。生产经营单位既是生产经营活动的受益主体,一般来说又是事故隐患的形成主体,还是事故造成财产、人员损失的承担主体。因此,生产经营单位是本单位事故隐患排查、治理和防控的责任主体。企业在隐患排查治理方面的主体责任主要包括排查发现事故隐患、整改治理事故隐患和保障隐患治理资金等。

1. 排查发现事故隐患

生产经营单位应当对本单位生产经营的所有场所、设备设施,从业人员(包括劳务派遣人员)的作业活动,以及相关方在本单位的作业场所、作业活动进行事故隐患排查。虽然规章未明确生产经营单位事故隐患排查的方式、内容、周期，但在实际执行过程中，应当注意把握以下几点。

（1）要落实全员参与。生产经营单位要纵向落实从主要负责人到从业人员的隐患排查治理责任，要横向落实从安全管理部门到技术、工艺、设备等相关管理部门的隐患排查治理责任，明确隐患排查治理各个参与角色的排查周期和排查内容。

（2）要坚持常态化。生产经营单位要将隐患排查治理工作作为安全生产日常工作，定期开展。事故隐患排查的周期频率可以根据本单位生产经营性质特点和危险程度，由生产经营单位自主决定，并在本单位事故隐患排查治理制度中予以明确规定。

（3）要坚持针对性。生产经营单位要根据本单位各岗位、场所和设备设施存在的事故风险，有针对性地开展事故隐患排查。本单位发生造成人员死亡或者重伤的生产安全事故或者本行业、领域发生较大以上生产安全事故的，应针对事件原因举一反三，及时开展专项排查。

（4）要推进专业化。除全员参与的从业人员本岗位隐患排查外，生产经营单位开展的工艺系统、设备设施的安全检查、隐患排查，应当由负责安全生产、设备、技术的专业管理机构或人员组织开展，以此确保排查全面、结果准确。

2. 整改治理事故隐患

对发现的事故隐患，生产经营单位应当立即采取措施予以整改。对无法立即消除的隐患，应采取以下措施予以整改。

（1）采取必要的技术和管理措施，确保隐患治理前和治理期间的安全。

（2）评估事故隐患产生原因、危害程度、影响范围及整改难易程度，并根据评估结果制定治理方案，明确治理目标、治理措施、治理期限、责任人员、经费保障和应急预案。

（3）落实隐患治理方案，按期消除事故隐患。

（4）要求安全生产事故隐患整改结束后，生产经营单位或者安全生产事故隐患责任单位应当对整改情况进行评估、验收，并出具整改验收结论，并将重大安全生产事故隐患整改验收结论报送安全生产监督管理部门或者行业主管部门。

3. 保障隐患治理资金

生产经营单位应当保障事故隐患排查治理所需的资金，由生产经营单位的决策机构、主要负责人或者个人经营的投资人予以保证，并对由于安全生产所必需的资金投入不足导致的后果承担责任。隐患排查治理资金应在年度安全生产费用内列支，不得挪作他用，资金实际发生额可以依照税法有关规定实行税前扣除。

（三）负有安全生产监督管理职责的部门事故隐患排查治理责任

1. 指导督促企业整改隐患

安全监管监察部门应当指导、监督生产经营单位事故隐患排查治理工作。安全监管监察部门应当按照有关法律法规、规章的规定，不断完善相关标准、规范，逐步建立与生产经营单位联网的信息化管理系统，健全自查自改自报与监督检查相结合的工作机制以及绩效考核、激励约束等相关制度，突出对重大事故隐患的督促整改。安全监管监察部门应当根据事故隐患排查治理工作情况制订相应的专项监督检查计划。安全监管监察部门应当按计划对生产经营单位事故隐患排查治理情况开展差异化监督检查；对发现存在重大事故隐患的生产经营单位，应当加强重点检查。

2. 建立重大事故隐患督办制度

重大事故隐患治理实行挂牌督办制度。挂牌督办按照属地、分类和分级原则，由生产经营单位、行业监管部门、县级以上人民政府分别实施。安全监管监察部门和有关部门应当建立重大事故隐患督办制度。对于整改难度大或者需要有关部门协调推进才能完成整改的重大事故隐患，安全监管监察部门应当提请有关人民政府督办。

3. 事故隐患处理处罚

安全监管监察部门对检查中发现的事故隐患，应当责令生产经营单位立即排除；重大事故隐患排除前或者排除过程中无法保证安全的，应当责令从危险区域内撤出作业人员，责令暂时停产停业或者停止使用相关设施、设备；重大事故隐患排除后，生产经营单位应当报安全监管监察部门审查同意，方可恢复生产经营和使用。

安全监管监察部门依法对存在重大事故隐患的生产经营单位做出停产停业、停止施工、停止使用相关设施或者设备的决定，生产经营单位应当依法执行，及时消除事故隐患。生产经营单位拒不执行，有发生生产安全事故的现实危险的，在保证安全的前提下，经本部门主要负责人批准，安全监管监察部门可以采取通知有关单位停止供电、停止供应民用爆炸物品等措施，强制生产经营单位履行决定。通知应当采用书面形式，有关单位应当予以配合。

4. 事故隐患验收销号

重大事故隐患治理完毕后，自生产经营单位提出复查申请之日起10日内，受理申请的部门会同有关单位，邀请相关专家组织验收。对验收合格的，按规定程序核销重大事故隐患；审查不合格的，依法处理；对经停产停业治理仍不具备安全生产条件的，依法提请县级以上人民政府按照国务院规定的权限予以关闭。

第三节　构建双重预防机制的经验与实践

一、部分省（市）经验实践概况

（一）山东省从企业和政府及有关部门两个层面，统筹推进双重预防机制建设

1. 企业层面

（1）排查风险点。各市、县（市、区）政府组织有关部门广泛发

动企业，全方位、全过程排查本单位可能导致事故发生的风险点，包括生产系统、设备设施、输送管线、操作行为、职业健康、环境条件、矿山采空区、施工场所、城市垃圾堆场、安全管理等方面存在的风险。

（2）确定风险等级。对排查出的风险点进行分级，先确定风险类别，然后按照危险程度及可能造成后果的严重性，将风险分为1级、2级、3级、4级（1级最危险，依次降低）。

（3）明确管控措施。企业针对风险类别和等级，将风险点逐一明确管控层级，落实具体的责任单位、责任人和具体的管控措施，形成"一企一册"并报当地安监等有关部门备案。

（4）风险公告警示。公布本企业的主要风险点、风险类别、风险等级、管控措施和应急措施，让每名员工都了解风险点的基本情况及防范、应急对策。对存在安全生产风险的岗位设置告知卡，标明本岗位主要危险危害因素、后果、事故预防及应急措施、报告电话等内容。

（5）排查消除隐患。企业要针对各个风险点制定隐患排查治理制度、标准和清单，明确企业内部各部门、各岗位、各设备设施排查范围和要求，建立起全员参与、全岗位覆盖、全过程衔接的闭环管理隐患排查治理机制，实现企业隐患自查、自改、自报常态化。

（6）加强应急管理。企业在风险评估的基础上编制应急预案，并与当地政府及相关部门的有关应急预案相衔接。企业要建立专（兼）职应急救援队伍或与邻近专职救援队签订救援协议。在事故隐患排除前或者排除过程中无法保证安全的，要从危险区域内撤出作业人员，疏散可能危及的其他人员。重点岗位要制定应急处置卡，每年至少组织一次应急演练。经常性开展从业人员岗位应急知识教育和自救互救、避险逃生技能培训，并定期组织考核。

（7）防控职业危害。企业对可能产生职业病危害的作业岗位，应当在其醒目位置设置警示标识和警示说明，明示可能产生职业病危害的种类、后果、预防以及应急救治措施等内容。作业现场要配备职业危害防护装备，定期检查更新。要依法为从业人员配备符合国家或行业标准的防护用品用具，并监督从业人员正确佩戴和使用。

2. 政府及有关部门层面

（1）确定标杆企业。市、县（市、区）政府组织安监等有关部门根据本地产业结构，选择一批风险管控、隐患排查治理、信息化管理效果较好的企业作为行业标杆企业。

（2）总结推广标准。对确定的省级标杆企业，由市、县（市、区）政府组织安监等有关部门系统总结企业的经验做法，形成一整套可借鉴、可推广、可套用的企业安全生产风险管控标准。省有关部门按照职责分工在分管行业领域中组织企业开展对标达标活动，在全省逐步建立起风险管控和隐患排查治理双重预防性机制。

（3）管控城市风险。各市政府要全面强化城市运行风险源头管控，城市规划建设中要充分考虑安全因素，加强城乡发展规划与城市地下公用基础设施规划，特别是石油天然气管道、城镇燃气管线等规划的衔接。建立完善覆盖城市生产、生活、运营等各方面，贯穿城市规划、建设、运行、发展等各环节的全方位、全过程城市运行安全预防控制网络。

（二）北京市以完善安全预控体系为抓手，全面提升城市安全风险管控能力

1. 完善安全预防控制运行机制

（1）健全形势分析研判机制。各级政府要支持、督促有关部门进一步健全安全生产形势预警预测制度，不断完善安全生产风险分析研判机制，定期对本区域安全生产形势进行分析研判。根据辖区、行业领域安全生产实际情况，加强对重点区域、重点单位安全生产风险的研判和管控，实行跟踪监管、直接指导，确保重点区域、重点单位风险可防可控。

（2）健全信息互通共享机制。市、区、乡镇（街道）以及各行业

部门之间要建立畅通的信息通道，推动安全生产信息数据的共享，充分利用安全生产行政审批、执法检查、隐患排查、安全生产标准化、事故调查处理等方面的大数据，建立综合全面、适时更新、真实有效的安全生产数据中心，实现安全生产信息综合处理、分析研判、预警预测等多项功能。进一步完善政府与企业联网的隐患排查治理信息系统，并建立健全线下配套监管制度，实现分级分类、互联互通、闭环管理。

（3）完善区域风险防控机制。要进一步健全市、区两级安全生产监管执法机构，推动经济开发区、工业园区专业安全监管执法机构设置，按企业风险级别和程度建立以双随机抽查为重点的安全生产执法计划，加大对高风险行业企业的抽查权重。各级政府要建立重大危险源管理档案，对重大隐患实行挂牌督办，督促企业确保监控、防范、处置等措施落实到位。建立安全生产区域联防制度，以"位置毗邻、行业相近、业态相似"为原则，成立区域联防工作组，健全定期组织互查互检、业务交流、培训演练、信息通报等机制。推动安全预防工作从市、区、乡镇（街道）向村、社区延伸，推动责任体系、监管力量、安全基础等工作覆盖到所有乡村、社区，逐步完善区域安全预防联动、联防、联控和联治工作模式。

（4）完善应急联动机制。进一步加强市区之间、部门之间安全生产应急联动。探索建立以重点企业为龙头，相关企业参与协作的区域应急联动机制。加强企业应急救援队与属地政府救援队联动，并有针对性地开展演练，提高应急处置效率。坚持专业化和社会化相结合，通过签订协议、购买服务等方式，引导社会专业力量参与应急救援。建立健全自然灾害预报预警和联合处置机制，加强安全监管、气象、地震等部门的协调配合，严防自然灾害引发事故灾难。

2. 强化城市运行安全风险防控

（1）加强城市运行防控网建设。切实加强城市运行风险管控，构建覆盖城市生产、生活、运营等各方面，贯穿城市规划、建设、运行、发展等各环节的全方位、全过程城市运行安全预防控制网络。加强车站、地下空间、公园景区、商场超市、人员集聚场所等地点的安全风险管控，明确责任，完善安全管理制度，推动安全风险公示警示，强化预防控制措施。推进输水、输电、供气、供热管线，危险化学品输送管道，轨道交通等的风险管控，完善基础数据，落实分类监管，由有关部门和单位各司其职、各负其责，重点解决违法违规占压、标识不清、违章开挖等问题。加强城乡接合部、工业园区等区域的安全风险管控，加强行业部门间的协作联动，严厉打击非法违法生产经营建设行为，完善区域安全风险持续改进的工作机制。

（2）加强城市运行风险评估预警工作。健全工作机制，定期开展城市运行安全风险评估。完善城市运行安全监测站网或监测体系，完善预警信息发布功能，不断拓宽信息发布渠道。加快建立针对高危行业、重点工程以及重点行业（领域）的风险评估指标体系、风险监测预警和跟踪制度、风险管理联动机制。健全安全风险信息报送、应急响应、现场指挥、协调联动、信息发布、社会动员和统筹协作等工作机制，提升应急处置能力。

（3）强化城市运行风险源头管控。城市规划建设中要充分考虑安全因素，体现安全发展要求，加强城乡发展规划与城市地下公用基础设施规划特别是石油天然气管道、城镇燃气管线、轨道交通等规划的衔接。结合产业结构调整，建立符合城市战略定位的安全生产负面清单制度，强化负面清单管理，建立负面清单动态调整机制。推动经济存量中高危险、高污染、高耗能、高职业危害生产企业的转移或撤销。统筹人口资源环境承载能力，合理控制城乡建设用地规模和开发强度。建设项目必须严格按照规划设计施工，并明确各环节的安全责任，确保工程质量，严格落实企业建设工程项目安全生产和职业卫生设施"三同时"制度。

（4）落实城市运行风险防控措施。负责城市运行保障的有关部门要结合部门职责，实施城市运行风险源普查，列明风险源名称、类别、风险程度、分布状况等内容。进一步健全完善城市运行安全标准体系，综合运用法律、经济、行政、规划、技术等措施，控制新增风险，降低和消除存量风险，实现风险动态管理和持续改进。加强部门联合监管执法，优先开展较高风险领域的安全专项整治。

（5）大力推广应用先进适用科学技术。依托新一代互联网、物联网、大数据、云计算和智能传感、遥感、卫星定位、地理信息系统等技术，创新安全风险防控手段，强化监测监控、预报预警，提升风险管理数字化、网络化、智能化水平，及时发现和消除安全隐患。鼓励企业、高等学校、科研院所、行业部门共建安全工程研究院、实验室、安全技术中心等研发机构，引导各类安全生产技术创新机构、市场化研发机构和社会组织的有序发展，为保障城市安全运行提供风险管控、预警预测、事故分析鉴定、检测检验、职业危害监测等技术支持。

二、机制构建特点

（一）注重顶层设计构建

推动双重机制建设，首先要做好顶层设计，明确体制建设的具体规范和要求，这既是基础，更是体系落地实施的关键。山东省以省政府办公厅名义印发《山东省人民政府办公厅关于建立风险管控和隐患排查治理双重预防机制的通知》（鲁政办字〔2016〕36号），明确提出构建双重预防机制的具体方法和步骤，提出相关技术要求。在各行业构建方面，分别按照要求制定了具体的实施指南，较为具体地提出各行业构建双重预防机制的重点任务要求。如在煤炭行业领域，山东省进一步深化和加强山东煤矿安全风险分级管控和隐患排查治理双重预防机制（以下简称双重预防机制）建设，结合山东煤矿双重预防工作实际情况，制定出台了《山东煤矿双重预防机制建设持续推进工作方案》，明确了构建煤炭行业领域安全风险分级管控与隐患排查治理双重预防机制的具体思路及要求。河南省安全生产委员会办公室制定出台了双重预防体系建设通用导则，并由省有关部门牵头制定行业双重预防体系建设实施细则和《企业安全风险评估规范》，为全省各类企业推进双重预防机制建设提供了可参考、可借鉴的样板。

（二）注重企业主体责任落实

双重预防机制最根本的任务是防范企业风险事故，实现事故隐患超前管控，构建"两道防线"。机制建设完善不完善，效果好不好，关键在企业落实，企业是构建双重预防机制的主体，只有狠抓企业主体责任落实，才能真正使机制建设发挥功效，推动企业安全管理水平全面提升。山东省为推动企业落实机制建设要求提出了七项要求，包括做好风险点排查，确定风险等级，制定管控措施，实施风险公告警示，排查消除事故隐患，加强应急管理和防控职业危害，多角度、全方位地为企业机制建设明确了规定动作。北京市在提升企业安全预防控制能力方面，重点提出六大建设要点，以落实企业主体责任为基础、不断强化企业安全风险辨识评估、建立完善企业安全风险预警机制、加强企业重大危险源管控、加强企业安全生产应急管理和职业危害防控工作。

（三）注重全员参与、全面覆盖

企业管控安全风险，重点是管控生产作业环节中的事故风险，这是一项系统工作，涉及企业安全生产的全过程，这不是静态的管控，而是随着生产作业环境、工艺变化不断调整优化的管控。众所周知，企业风险更多地集中在车间和岗位，因此要真正发挥超前管控的效果，就必须保证风险分级管控贯彻落实到企业的每个工作岗位，做到全员参与、人人有责。山东煤炭行业领域在构建双重预防机制过程中实施全员参与、全面覆盖，发动全体人员全方位、全过程辨识安全风险，并根据风险类别和等级，分级落实安全风险管控责任和隐患排查治理责任，对煤矿安全生产的方方面面实现全覆盖，不能留有死角盲区。北京市把风险管理落实到生产经营活动全环节、全过程，健全完善涵盖企业风险辨识评估、风险预警预控、隐患排查治理、重大危险源监控、应急管理等的安全生产闭环管理模式，构建系统规范、管控有效的安全预防长效工作机制。

三、经验启示

(一) 加强督促指导

各地、各有关部门要加强对企业双重预防体系建设的指导建设工作，制订风险管控和隐患排查治理体系建设培训计划和方案，组织企业负责人员和安全管理人员通过召开现场会的方式进行现场培训，使企业掌握构建要领。相关执法部门要将体系建设情况纳入年度目标考核内容和经批准开展的督导内容，建立健全督查督办、跟踪督办、汇报点评、定期通报、警示约谈、执法惩处等工作机制。加强对安全预防控制体系建设工作的组织协调和指导调度。各相关部门要按照"管行业必须管安全、管业务必须管安全、管生产经营必须管安全"的要求，针对不同行业（领域）安全生产的特点规律，加强源头风险管控，抓好日常管理和监督检查，督促企业把安全生产标准化、隐患排查治理等工作融入预防控制体系建设之中，完善本行业（领域）风险预警预测和风险管控工作机制。

(二) 做好技术支撑

双重预防机制建设过程中会产生大量安全生产数据，要克服纸面化可能带来的形式化和静态化，就要利用信息化手段保障双重预防机制建设。充分运用互联网、大数据、云计算等高科技，支撑建立风险管控和隐患排查治理双重预防机制。各地要建立功能齐全的安全生产监管综合信息平台，构建功能齐全、上下贯通的安全生产风险管控云平台。实施风险信息化管控，在安全生产监管综合信息平台中建立风险管控分系统,企业利用该系统将排查出的风险点全部录入该系统中,实现对风险点在线监测或者视频监控,并与政府部门的端口接入,一旦发现异常立即处置,确保风险点万无一失。当地政府及有关部门通过互联网监控手段,随时掌握企业对风险点管控情况,一旦报警提示出现异常,就责令企业立即处置并反馈情况,使风险点始终处于动态监控之中。探索研制重大危险源监控、预测预警和智能方案等高级应用功能,实现对重大危险源信息的接入和综合展现,推动双重预防机制信息化建设。

(三)强化典型引领

各地、各有关部门对企业管理人员组织开展双重预防机制建设培训教育,编制双重预防机制建设宣教指南,采取专家授课、分片辅导和现场交流等多种形式,帮助指导企业进一步统一认识、厘清思路、明确任务、找准方法,使其掌握机制建设方法和要点,进一步规范机制流程。各地政府要专门设置配套资金用于对企业管理人员、从业人员的培训以及奖励扶持机制建设企业。结合行业领域特点,各地安全监管部门也要在不同行业和重点领域选择一批安全基础较好的企业探索机制建设。各有关部门要做好协调和指导工作,及时帮助企业解决工作中遇到的困难和问题,定期梳理总结,形成一套可推广、可复制的经验举措及其成效,通过示范引领、以点带面,全力推动机制建设。

第七章　加强安全基础保障能力建设

第一节　加强安全监管执法能力建设

一、加强监管执法机构规范化、标准化、信息化建设

(一) 加强监管执法车辆装备保障

《国务院办公厅关于加强安全生产监管执法的通知》要求深入开展安全生产监管执法机构规范化、标准化建设,改善调查取证等执法装备,保障基层执法和应急救援用车。《中共中央国务院关于推进安全生产领域改革发展的意见》明确要求制定安全生产监管监察能力建设规划,明确监管执法装备及现场执法和应急救援用车配备标准,加强监管执法技术支撑体系建设,保障监管执法需要。但在执行过程中,一些地区并没有完全落实到位。面对数量多、分布广的各类生产经营单位,安全生产监管执法工作量巨大。事故的突发性、应急救援的时效性客观上要求加强安全生产监督管理部门监管执法装备保障。一是要研究制定安全生产监管监察能力建设规划,明确各级安全生产监督管理部门人员、经费、用房、车辆、装备等配备标准,建立与经济社会发展、企业数量、安全基础相适应的保障机制。二是要加强检验检测、调查取证、应急救援等安全生产监管执法技术支撑体系建设,加快形成与监督检查、取证听证、调查处理等执法全过程相配套的技术支撑

能力,基层执法人员要配备使用便携式移动执法终端,确保监管执法工作需要。三是统一安全生产执法标志标识和制式服装,做到着装整齐、规范,提升安全生产监管执法人员形象,提高执法的严肃性和权威性。

(二)建立监管执法经费保障机制

《国务院办公厅关于加强安全生产监管执法的通知》提出健全安全生产监管执法经费保障机制,将安全生产监管执法经费纳入同级财政保障范围。《中共中央国务院关于推进安全生产领域改革发展的意见》明确要求建立完善负有安全生产监督管理职责的部门监管执法经费保障机制,将监管执法经费纳入同级财政全额保障范围。各级人民政府必须建立完善负有安全生产监督管理职责部门的监管执法经费保障机制,将监管执法经费列入同级政府年度财政预算,全额保障监管执法部门的人员经费、办公经费、业务装备经费和基础设施建设经费等,确保安全生产监管执法机构正常开展工作。

(三)建立安全生产监管执法人员履职制度

我国相关法律法规和制度对安全生产监管执法责任边界缺乏明确规定,在事故调查处理中,往往出现基层安监干部"不去检查是失职,去检查了是渎职"而被追究责任的情况,基层反映比较强烈,直接影响了安全监管监察队伍的积极性和稳定性。《中共中央国务院关于推进安全生产领域改革发展的意见》提出建立安全生产监管执法人员依法履行法定职责制度,对监管执法责任边界、履职内容、追责条件等予以明确规定,激励广大安全生产监管执法人员忠于职守、履职尽责、敢于担当、严格执法。中共中央办公厅、国务院办公厅印发的《保护司法人员依法履行法定职责规定》,从排除阻力干扰、规范考评考核和责任追究、加强人身安全保护、落实职业保障等方面作出了明确规定,进一步加强了司法人员依法履职的制度保障。

二、加强基层执法工作

（一）加强地方安全生产监督管理机构与执法队伍建设

《国务院办公厅关于加强安全生产监管执法的通知》要求，地方各级人民政府要将安全生产监管执法机构作为政府行政执法机构。《中共中央国务院关于推进安全生产领域改革发展的意见》明确要求地方各级党委和政府要将安全生产监督管理部门作为政府工作部门和行政执法机构，加强安全生产执法队伍建设，强化行政执法职能。我国安全生产监管体制基本建立，但仍存在不完善、不适应的问题。据统计，省、市、县三级安全生产监督管理部门人员的平均编制分别为 83.2 名、28.8 名、15.4 名，其中事业编制约占 28%；安全生产专门执法机构（省级总队、市级支队、县级大队）人员的平均编制分别为 20.8 名、14.5 名、10.8 名，其中事业编制约占 82.3%。部分区县、乡镇（街道）安全生产监督管理机构不健全，基层安全生产监管人员力量薄弱，有的基层安全生产监督管理部门甚至无人有执法证，监管能力不足的问题较为突出，不能有效履行监管执法职能。按照党的十八届三中全会关于强化安全生产基层执法力量的要求，地方各级党委和政府必须切实加强安全生产监督管理机构与执法队伍建设。一是将安全生产监督管理部门作为政府工作部门，并纳入行政执法序列，确立其执法主体的地位。二是加强安全生产执法机构和队伍建设，强化行政执法职能，提高执法权威性。三是加强安全生产监管力量，统筹政府行政执法人员编制，重点充实市、县两级一线安全生产监管执法人员，将日常行政执法工作重心下移至基层一线。四是强化乡镇（街道）安全生产监管力量，加强安全生产监督检查，协助上级政府有关部门履行安全生产监管职责，安全生产任务重的乡镇和街道可设立安全生产监督管理机构，在行政村（社区）设立安全生产协管员，积极探索实行派驻执法、跨区域执法、委托执法和政府购买安全服务等方式，加大基层执法力度。

（二）完善功能区安全生产监管体制

改革开放以来，我国各类功能区发展迅速聚集了众多企业，成为推动经济快速发展的重要力量。据统计，全国有3300多个开发区，近50%没有专门的安全生产监督管理机构，监管体制不健全、条块交叉、职责不清、责任不落实以及政企不分、监管力量薄弱甚至缺位等问题十分突出。天津港"8·12"事故也暴露出港区安全生产地方监管和部门监管责任不清的问题。《中共中央国务院关于推进安全生产领域改革发展的意见》明确要求各级政府必须完善各类开发区、工业园区、港区、风景区等功能区安全生产监管体制，明确负责安全生产监督管理的机构，以及港区安全生产地方监管和部门监管责任。一是明确负责功能区安全生产监督管理的机构，落实属地政府安全生产监管的职责。二是明确港区安全生产地方监管和部门监管责任，解决行业和属地监管责任不落实、政企不分、存在监管漏洞等问题。

三、提高监管执法人员素质能力

党的十八届四中全会提出要严格实行行政执法人员持证上岗和资格管理制度。《中共中央国务院关于推进安全生产领域改革发展的意见》明确要求建立安全生产监管执法人员依法履行法定职责制度，激励保证监管执法人员忠于职守、履职尽责。严格监管执法人员资格管理，制定安全生产监管执法人员录用标准，提高专业监管执法人员比例。我国一些基层市县安全生产监管执法人员的专业化水平偏低，尤其是化工、矿山等相关专业人员缺乏，整体素质不高。发达国家对安全生产监管执法人员有很高的要求，如美国矿山安全监察人员必须具有五年以上矿山工作经验，接受国家职业安全健康学院培训，再实习一年后方可上岗执法。对此我国应加以学习借鉴，加强监管执法人员管理。一是严格执法人员资格管理，要制定安全生产监管执法人员录用标准,必须取得相关专业学历,具有一定工作经验才能被录用为监管执法人员,逐步提高专业监管执法人员比例。根据《国务院办公厅关于加强安全生产监管执法的通知》,三年内实现专业监管人员配比不低于75%。二是建立健全安全生产监管执法人员凡进必考、入职培训、持证上岗和定期轮训制度,具体包括新进人员考试录用制度、入职前的脱产培训制度、执法人员考试和持证上岗制度及上岗后的定期轮训制度等,对监管执法人员录用、入职、上岗、晋职等关键环节和长期培训教育进行严格管理,提高安全监管执法人员业务水平,满足专业化监管执法的需要。

第二节　强化安全科技创新与应用

科技创新是安全生产的重要保障。近年来,我国安全生产工作取得了明显成效。2016年,为贯彻落实党中央、国务院部署和全国科技大会精神,适应新时期安全生产对科技创新工作的新要求,原国家安全监管总局印发了《关于推动安全生产科技创新若干意见》,系统部署新形势下安全生产科技创新工作。

一、新形势下安全生产科技创新工作方向

应急管理部成立后,始终把安全生产作为应急管理的基本盘、基本面,全力防范化解危险化学品等重点行业领域系统性安全风险,坚决防范遏制重特大事故发生。围绕防范和遏制重特大事故这一"牛鼻子",一要坚持创新发展战略,全面贯彻落实习近平总书记在全国科技创新大会上的讲话和关于安全生产工作的批示指示精神,以及《国家创新驱动发展战略纲要》等文件精神。二要以问题为导向,找准方向、路径,重点解决影响安全生产的技术瓶颈和关键性技术难题。三要坚持全面夯实基础与重点突破相结合,从科研基础

条件、科技攻关、成果推广转化、人才队伍建设等全链条部署安全科技创新工作。

二、当前科技创新工作的重点领域

《中华人民共和国国民经济和社会发展第十四个五年规划和2035年远景目标纲要》提出,"加强矿山深部开采与重大灾害防治等领域先进技术装备创新应用,推进危险岗位机器人替代","构建应急指挥信息和综合监测预警网络体系,加强极端条件应急救援通信保障能力建设"。一方面,加强先进技术装备创新应用,推进高危行业、企业和岗位"机械化换人、自动化减人、智慧化无人",是从根本上降低安全风险、提升企业本质安全水平的治本之策,其中的难点主要是关键技术装备的创新突破;另一方面,工业和信息化部应急管理部先后印发了《"工业互联网＋安全生产"行动计划(2021—2023年)》和《"工业互联网＋危化安全生产"试点建设方案》,通过工业互联网在安全生产中的融合应用,增强工业安全生产的感知、监测、预警、处置和评估能力,加速安全生产从静态分析向动态感知、事后应急向事前预防、单点防控向全局联防的转变,提升工业生产本质安全水平。结合上述文件要求,"十四五"时期安全生产与应急管理科技创新的重点领域主要有以下几个方面:

一是制定全国应急管理科技创新规划,确定一批重大科技创新项目,利用多方资源开展科技创新活动,实现科技创新和支撑能力有效提升。

二是强化应急管理装备技术支撑,加大先进适用装备的配备力度,加强关键技术研发。应急核心装备能力建设要针对事故抢险救援和通信保障等装备需求,确定一批重点任务、搭建一批合作平台、成立一批任务性的项目组,集中攻关、务求实效。

三是推进信息化跨越发展,系统推进应急管理信息化建设和应用全面升级。应急管理信息化要统一规划布局、统一部署模式、统一技术架构、统一数据汇聚,加快补齐数据服务、安全保障、人才支撑等方面的短板;坚持实战导向,实施一批信息化重点工程,做好极端条件下大震巨灾应急信息化准备;以"智慧应急"为牵引,推动各重点领域智能化升级。

四是加强科技创新体系建设,建设开放协同高水平科技创新平台,推动建设一批有国际影响力的灾害事故预防处置科研中心,大力推动地震巨灾科学实验场建设,加强自然灾害防治、城市安全和危险化学品安全研究工作。

五是创新应急管理人才和教育工作,健全专业人才培养招录机制,加强应急管理学科建设,开展中国特色应急管理理论研究,引导全国高校大力培养各类应急管理专业人才,扶持培养一批优秀领军人才,加快解决应急技能人才短缺问题。

第三节 健全安全生产社会化服务体系

一、强化安全专业技术服务力量建设

(一)我国安全生产社会化服务力量发展现状

近年来,我国安全生产社会化服务工作发展迅速,初步形成了安全评价、检测检验、责任保险、安全培训、科技支撑、行业组织等服务工作体系,并分类建立了相关管理制度。通过这些机构的广泛参与,为在新形势下提高我国安全生产总体水平发挥了积极作用。

全国有安全监管监察系统实施资质许可管理的评价机构1746家,其中安全评价机构564家、职业卫生技术服务机构1182家;检测检验机构272家;安全培训机构2607家、专职教师2万余人;注册安全工程师事务所245家,注册安全工程师28.6万人、安全评价师2.6万人、职业卫生服务专业人员3.1万人。各保险机构积极参与推行安全

生产责任保险。2015年，投保企业有20多万家，年保费收入8.7亿元，保障额度7557亿元，为保证事故赔偿及时到位、参与事故预防发挥了有效作用。各有关科研机构积极参与开展安全科技项目建设，取得一批科技成果并被推广应用。

同时，安全生产社会化服务工作仍存在力量不足、能力不强、行为不规范、机制不完善、管理不严格等问题，多数服务机构规模小、力量弱，与发达国家相比存在较大差距，难以满足当前安全生产工作需要。

（二）加强安全生产社会化服务力量建设的重要举措

2016年底，国务院安全生产委员会印发了《关于加快推进安全生产社会化服务体系建设的指导意见》，从技术服务、责任保险、专业人才、安全培训、科技支撑、行业组织、严格监管等方面提出7项指导意见，为新型安全生产社会化服务体系发展指明了方向。

1. 有效提高安全评价、检测检验和职业健康专业技术服务能力

提高准入门槛，营造发展环境，规范服务行为。

2. 建立保险机构参与事故防控机制

安全生产责任保险的功能在于事故预防，这是发达国家经过多年实践的结果。保险机构在利益驱动下，会主动帮助投保企业事故预防。当保险机构不具备这项专业技能时，也会向专业技术服务机构购买服务，运用市场机制促进风险辨识管控和隐患排查治理，强化事故预防控制工作。这种将安全生产与社会利益和经济利益紧密联系起来的推动方式，与行政管理手段形成有益互补，效果更加突出。

3. 充分发挥注册安全工程师及事务所作用

按照准入类职业资格管理要求，健全注册安全工程师考核和管理制度，实施分类别分等级管理，加快构建集以用为本、科学准入、持续教育、事业发展于一体的注册安全工程师工作格局。设立注册安全工程师事务所，是社会化管理的方式之一，如会计师事务所，通过这

样职业化的组织形式，将取得注册安全工程师职业资格的人才汇聚一起，为企业尤其是中小企业提供专业的安全生产技术服务。

4. 强化安全生产法规、知识技能等培训工作

完善考试机制，强化网络培训，建设布局合理、设施达标、专业齐全的考试网络体系。开展安全知识普及活动，加强安全文化建设。

5. 着力提升安全科技服务水平

建立主动预防型安全生产和职业病危害防治科研机制，加快安全生产信息化建设，完善科研支持政策，加大成果转化力度，提高科技对安全生产的贡献率。

6. 不断强化行业社会组织服务功能

拓宽社会组织承接服务范围，提高支撑能力，强化行业自律，充分发挥社会组织服务作用。

7. 严格对社会化服务机构的监督管理

严格资质管理、严格执法检查、严格信用管理，规范服务行为。

二、大力实施安全生产责任保险

安全生产责任保险（以下简称安责险）是安全生产工作的一项制度创新。2016年印发的《中共中央国务院关于推进安全生产领域改革发展的意见》明确要求"发挥市场机制推动作用"。国家安全生产监管总局与中国保监会、财政部于 2017 年 12 又联合印发了《安全生产责任保险实施办法》，标志着我国安责险经过 10 年的探索实践已步入制度化、规范化轨道。

（一）安责险与其他保险的区别

安责险保障的是因生产安全事故受到伤害的企业从业人员和第三方人员。赔偿范围包括人员死亡补偿金、伤残补偿金、事故救援费（包括紧急疏散费）、医疗抢救费、仲裁或诉讼费用。安责险是为安责险制度单独设计的保险产品，以安全生产事故的发生为前提，保险费

率低，保障范围广，保险责任大。

安责险与工伤保险是并行补充关系，与雇主责任保险、公众责任保险、意外伤害保险是替代关系。企业投保安责险后可以不用重复投保其他类似商业险种。

（二）实施安责险的具体措施

按照《国家安全监管总局保监会财政部关于印发〈安全生产责任保障实施办法〉的通知》（安监总办〔2017〕140号）要求，总结各地区的经验做法，推广实施安全生产责任保险应做好以下几方面工作。

1. 确定实施范围

将煤矿、非煤矿山（包含地下矿、露天矿、尾矿库）、危险化学品（包含生产、经营、使用危险化学品的化工企业和重点使用单位、成品油与天然气长输管线管理和经营企业）、烟花爆竹（包含生产、仓储、专店销售、专柜销售）、交通运输（包含公路建设、港口码头建设、航道建设、站场建设、水路运输、道路运输、港口站场服务、驾培服务、汽车维修服务）、建筑施工（包含市政工程、民用建筑、水利建设工程、高铁及民航建设工程）、民用爆炸物品、金属冶炼、特种设备（包含锅炉、压力容器及气瓶、压力管道、电梯、起重机械、客运索道、大型游乐设施、场内专用机动车辆）等高危行业领域强制实施安全生产责任保险，鼓励冶金、有色、机械、轻工、化工、医药、纺织、建材、烟草、商贸（餐饮）、电力、农业机械（运输作业）等其他行业领域和城市中心区域的商场、地下商场、地铁、大型综合体等人员密集场所的生产经营单位投保安全生产责任保险。

2. 建立各级联席会议制度

在省级安全生产委员会领导下，建立安全生产责任保险联席会议制度，联席会议由省应急厅主要负责人任召集人，相关行业主管部门共同参与，负责研究制定安全生产责任保险工作政策措施，协调解决安全生产责任保险工作中的重大问题。各地市、县（市、区）安全生产委员会建立相应的工作机制。

3. 确定安全生产责任保险承保人

按照"公平、公正、便民、快捷"的原则，各行业主管部门按照下列条件依法择优确定保险机构安全生产责任保险承保人，并报告省安全生产责任保险联席会议办公室。实施安全生产责任保险措施作出有关规定。

4. 建立省安全生产责任保险防灾防损信息管理平台，实现信息共享

应急管理部和有关部门应当建立安全生产责任保险信息管理平台，并与安全生产监管信息平台对接，对保险机构开展生产安全事故预防服务及服务费用支出使用情况进行定期分析评估。同时，省安全生产责任保险信息管理平台应当与行业主管部门、保险机构实现数据对接，按照用户权限进行行业、地区、险种等信息要素数据的共享；各行业主管部门的监管平台应当与省安全生产责任保险信息管理平台互联互通，实现数据对接；各级各部门及投保企业可以分级查阅相关信息，实现在线投保、保险状况查询、安全隐患排查信息查询等功能。参与信息共享的各主体应依法保守有关商业秘密，保证信息安全。

5. 完善运作模式

各行业主管部门应当根据行业的特点，建立事故预防机制。保险机构应当建立符合行业特点的生产安全事故预防服务制度，协助投保的生产经营单位开展以下工作：与安全生产相关的宣传教育培训，安全风险辨识、评估和安全评价，安全生产标准化建设，生产安全事故隐患排查，安全生产应急预案编制和应急救援演练，安全生产科技推广应用，其他有关事故预防工作。

保险机构应当采取合法、规范和积极的方式开展安全生产责任保

险工作，按照工作需求科学合理制订年度事故预防服务工作计划和费用预算；事故预防费用所占保险费比例应根据上年度事故赔付和事故预防工作的情况进行调整；事故预防费用可以统筹部分集中使用，主要用于大型宣传、行业联防和特殊预防。

保险机构开展安全风险评估、生产安全事故隐患排查等服务工作时，投保企业应积极配合，并对评估发现的生产安全事故隐患进行整改。对拒不整改重大事故隐患的，保险机构应及时报告行业主管部门和相关部门，并在下一承保年度上浮保险费率。

建立激励约束机制。及时公布企业投保安全生产责任保险情况，为金融机构、行业协会和社会公众查询提供便利，在财政投入、企业信贷融资、项目立项、进入工业园区以及相关产业扶持政策等方面，同等条件下优先考虑投保安全生产责任保险的企业。同时，各级应急和有关部门应当强化约束手段，将安全生产责任保险投保情况作为安全生产标准化、安全生产诚信等级评定等的必要条件，作为安全生产风险分类监管的重要参考；加强对企业投保情况的监督检查，对未按规定投保或续保、将保费以各种形式摊派给从业人员个人、未及时将赔偿保险金支付给受害人的提出整改要求，对拒不整改的，依照相关法律法规规定追究其法律责任。

健全双重考核机制。要将安全生产责任保险制度推行工作作为本级政府有关部门和下级人民政府安全生产巡查及年度安全生产综合考核的重要内容，大力推动安全生产责任保险工作。建立承保人业绩考核机制，综合日常管理工作、承保理赔服务、事故预防服务、宣传培训、客户投诉等要素指标对承保人进行考核，并将考核结果作为保险服务机构准入和退出安全生产责任保险承保人资格的主要依据，对年度考核不合格、发生违背服务承诺等情况的保险服务机构，取消安全生产责任保险承保人资格。通过发挥双重考核机制的激励约束作用，提高各单位工作的主动性和积极性，形成工作合力。

三、加快推进安全诚信体系建设

（一）安全诚信体系建设顶层设计

在顶层设计和制度建设方面，将安全生产诚信体系建设的总体要求、制度框架、机制保障和基础支撑等方面的内容纳入有关法律法规和政策文件中。2014年，国务院安全生产委员会印发《关于加强企业安全生产诚信体系建设的指导意见》。2015年，原国家安全监管总局印发了《生产经营单位安全生产不良记录"黑名单"管理暂行规定》，明确了"黑名单"管理的基本原则、适用要求、基本程序、惩戒措施和监管机制。2017年，原国家安全监管总局印发了《对安全生产领域失信行为开展联合惩戒的实施办法》和《对安全生产领域守信行为开展联合激励的实施办法》两个实施办法。2018年，原国家安全监管总局又印发了《关于进一步加强安全生产诚信体系建设的通知》。

（二）加快推进安全诚信体系建设的具体举措

1. 充分认识安全诚信体系建设的重大意义

各级地方党委、政府要充分认识诚信体系建设对于建立安全监管执法长效机制及实现安全生产治理体系和治理能力现代化的重大意义，坚持目标导向和问题导向，推动建立以单位主要负责人为第一责任人的诚信体系建设责任体系，加强组织领导、落细落实责任，确保诚信体系建设各项工作落地生效。将诚信体系建设工作继续纳入年度安全生产工作部署的重要内容，持续推进、跟踪落实，不断提升安全生产诚信建设水平。

2. 认真贯彻落实相关办法

各单位要认真贯彻落实总局印发的《对安全生产领域失信行为开展联合惩戒的实施办法》和《对安全生产领域守信行为开展联合激励的实施办法》两个实施办法，规范细化工作程序和责任分工，严格落实奖惩措施，把信用信息嵌入信息化系统平台和监管业务流程之中，推动安全生产领域联合奖惩机制的规范高效运行。要积极主动发起签署本地区安全生产领域联合奖惩合作备忘录，协调建立跨部门业务协同机制，构建守信联合激励和失信联合惩戒大环境。在建立"红黑名单"的基础上，着力推动安全生产承诺、信用档案和分级分类管理制度建设，为实施分类监管、重点监管和瞄准信用风险精准监管提供制度保障和科学依据，切实有效提升监管监察执法水平。

3. 落实工作标准，理顺业务流程

全面贯彻落实国家发展改革委、中国人民银行联合印发的《关于加强和规范守信联合激励和失信联合惩戒对象名单管理工作的指导意见》和总局印发的联合惩戒和联合激励两个实施办法。结合各自实际落实工作标准，理顺业务流程，完善操作规范，促进相关工作有序开展，解决报送违法失信企业"不及时、不规范，不想报、不敢报"的问题。

4. 加快安全生产诚信信息化管理系统建设

落实好安全生产诚信信息化平台建设的流程、功能、数据和技术标准规范，实现数据通、网络通、业务通。要畅通数据来源，切实强化"智慧安监"建设，按规定配备移动执法终端，建立现场执法全过程记录制度，实现监管执法信息实时录入上传，为建立诚信评价和分级分类管理制度提供全面真实的原始数据。

第四节　加强安全文化建设

一、安全文化理论基础

（一）安全文化力场原理

安全文化建设的"文化力场原理"可用图 7-1 来表示，安全文化力场对公众对象的影响在图中用虚线直观地表示出来，称为场线。

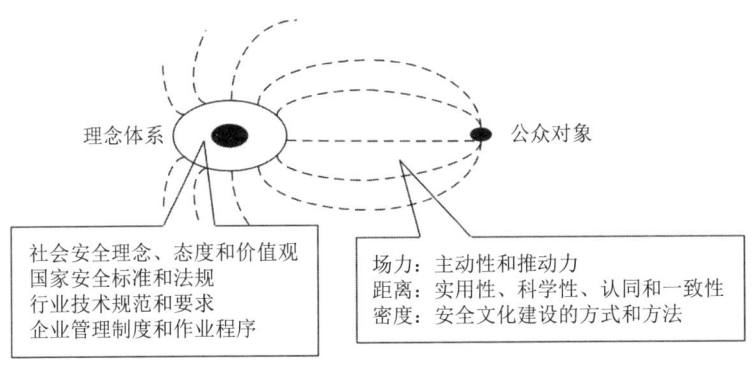

图 7-1　安全文化力场原理

安全文化的力场原理表明，安全文化建设是一个吸引公众注意，将其引导到安全文化共同理念和价值观上的过程。

（二）安全目标偏离最小化原理

安全文化建设应该使偏离安全目标的角度最小化，如图 7-2 所示。共同安全理念在向安全目标方向靠拢时，可能受到外界因素的干扰产生目标的偏离。安全文化建设就是要减少外界因素的干扰，从而实现偏离的最小化。

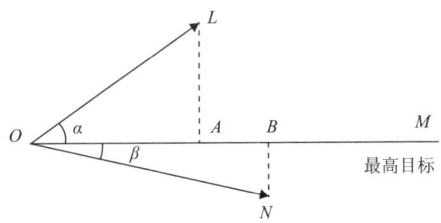

图 7-2　安全目标偏离最小化原理

安全目标偏离最小化原理表明安全文化建设必须减少外界因素的干扰，形成最大的文化合力。外界因素的干扰主要包括两个方面：一是经济环境、社会环境、政策变化等影响，经济形势的周期性转变、国内外形势的变化、新技术的革新和市场的起伏等对企业经营和生产产生影响，并会进一步影响企业文化与企业安全文化，影响员工情绪与积极性；二是不同思想、观点与价值观的影响，如"生死有命，富贵在天"的听天由命观念、GDP唯一论、领导违章特殊论、工伤光荣论、事故难免论等，这些不良的安全文化如果没有得到及时的纠正，就会阻碍正确安全文化的建设，也无法有力地保障企业的安全生产。

（三）安全价值观收敛原理

安全文化建设是一个不断收敛不同价值观的过程，收敛不同价值观需要两种力的共同作用：一是建设先进安全文化的推动力，二是同一价值观体系的向心力。只有两种力形成合力，才能使不同的价值观逐渐收敛到共同的安全价值理念上。

企业中存在不同的价值理念和价值观，安全文化建设不仅要提炼企业的核心价值理念，而且要将这些不同的价值理念和价值观收敛到共同的核心价值理念上，在企业内部凝聚共识。

二、安全文化建设实践探索

（一）安全文化建设的基本内涵

1. 加强安全理念文化建设

安全理念文化是企业全体员工共同秉持的安全思想观念和安全工作信念，是安全政策的价值表达，是企业安全制度、安全行为、安全环境的价值引领，是企业安全文化的灵魂。要针对安全生产重点、热点和难点问题设立研究课题，加强安全理论研究和凝练表达，把社会主义核心价值观，发展决不能以牺牲人的生命为代价的红线意识，以人为本、生命至上的安全发展理念和安全第一、预防为主、综合治理的方针具体化、对象化，使之便于记忆、遵循、阐发和传播。在政府层面，要倡导安全是群众的第一需求，安全生产是最大的民生、最好的政绩、最重要的软实力，是党委、政府的最高职责，坚决不要"带血"的GDP等价值理念；在企业层面，要倡导安全是第一责任、第一效益、第一品牌和最核心竞争力的理念，强化企业不消灭事故、事故就消灭企业的意识；在社会和个人层面，要倡导遵守安全法规制度是最基本的社会公德和职业道德，是对自己、他人和家庭承担的最大责任等。从理论上阐释不同群体应遵循的安全理念，在全社会形成安全道德是非观和价值判断。不断增强人们对安全理念的理论认知和情感认同。凝练企业安全理念要遵循顾全大局、切合实际，便于记忆、容易传播的原则，坚持安全价值观、安全愿景、安全使命、安全目标、安全承诺等统筹谋划、科学定位，坚持安全效益、安全责任、安全管理、安全行为、安全培训、安全科技等相互协调、相互促进、辩证统一，使领导层、管理层、操作层等不同群体的安全理念都能体现出所在岗位的特色。

2. 加强安全制度文化建设

安全制度文化是协调企业安全生产各类关系、规范企业员工安全生产行为的准则，是企业所有人应共同遵守的思维习惯和行为习惯。安全理念引导着安全法规制度的性质和方向，安全法规制度制约着违背安全理念的行为，影响着人们对安全理念的认同。制度建设要组织公众参与，在双向沟通、集思广益中凝聚共识，使安全制度体现公众期待，坚定公众的制度自信和行动自觉。

安全制度文化建设是将安全理念转化为安全行为和安全环境的桥梁和纽带，是安全理念落地见效的重要保障。通过规范化、流程化和模式化等手段，使企业安全理念转变为具体行为规范、工作程序和处罚的问责规定；严格执行制度，使正确的行为受到鼓励，错误的行为受到制约，强化企业从业人员安全生产行动自觉。

坚持良法善治，既要按照先进、实用、简单、量化、可操作性强、相互配套的标准加大企业安全管理制度、安全技术规程及操作规程立、改、废工作力度，又要营造办事依法、遇事找法、解决问题用法、化解矛盾靠法的制度执行环境，通过制度权威培养良好安全生产行为习惯。

3. 加强安全环境文化建设

安全环境文化是企业工艺、设施、系统等物质要素达到本质安全化并与人文环境相互和谐配套，以促进安全理念文化、安全制度文化落地的综合反映。

企业安全环境文化建设是物态行为文化落地的过程，不仅表现在企业设备设施、工艺系统、作业环境上，还表现在企业安全生产标志、文化设施、宣教基地等人文安全环境上，既能够提升物态的安全本质化程度，弥补管理缺失和操作疏漏产生的安全风险，又能够潜移默化地推动安全理念宣传普及、安全制度认知认同和安全行为习惯养成。要深入加强宣教培训场所、文化长廊等安全文化设施建设，强化安全文化产品的创作和传播，用浓厚的安全氛围、良好的环境设施提升企业全体人员的安全意识和安全能力。要推动建设安全生产主题街道、主题公园、主题长廊，在城铁、高铁、飞机、客轮、公交和客运车辆以及社区、广场、车站、码头等人员密集场所，广泛播发安全生产主题广告、视频、标语等，营造浓厚的安全生产氛围。要大力组织创作、传播以安全发展为主题的宣传片、公益广告、电影、电视剧、动漫等文化产品，编辑出版群众喜闻乐见、通俗易懂的安全常识手册、漫画等，邀请有影响力的公众人物担任安全生产形象大使，举办安全知识竞赛等有益活动，满足人民群众对安全生产多方面、多层次、多样化的精神需求。要会同教育部门将安全生产知识融入国民教育全过程。要继续开展安全社区和安全文化示范企业创建活动，总结推广一批先进适用的企业安全文化模式。

4. 加强安全行为文化建设

安全行为文化是在安全理念文化引领、安全制度文化约束和安全环境文化熏陶下，企业管理人员和职工在生产经营过程中的安全思维方式、行为准则、行为模式、行为养成的具体体现。良好的安全行为是企业安全文化建设的最终目的，安全理念和安全制度只有转化为行为才具有持久的生命力。加强安全行为文化建设要从组织、群体、个体三个层面，通过教育培训、先进引导、反面警示、考核奖惩等措施,把以人为本、生命至上等安全理念、安全制度和安全规程等转化为企业全体从业人员的思想共识和行为习惯,形成领导层自觉科学决策、管理层自觉依法管理、操作层自觉按章操作的安全生产自我管控机制。

安全理念只有转化为行动,才具有持久的生命力。要完善行为规范,推行安全承诺、安全宣誓等仪式,完善企业自律公约、员工岗位安全守则等行为规范。建立岗位明白卡、班前会、手指口述、岗位"三违"自查自纠等制度,使安全理念成为每个从业人员的基本遵循;强化领导带头,以上率下,要求员工做到的领导首先做到;强化警示教育,通过摄制观看事故警示片、事故责任人现身说法、参观安全生产警示教育基地等形式,把"一厂(矿)出事故、万厂(矿)受教育"落到实处;奖惩分明,推动形成奖优罚劣、见贤思齐工作机制和社会氛围,切实把以人为本、生命至上的安全理念、安全制度,转化为政府、企业和从业人员的思想共识和自觉行为。

(二)安全文化建设的基本方法

1. 要把安全文化融入安全生产工作全过程

企业安全文化要真正发挥作用,必须使各类人员在工作和生活实践中感知、领悟、践行,使安全文化日常化、具体化、形象化、生活化。某种意义上,融入安全文化的程度反映着安全文化建设的力度和深度,决定着安全生产工作的进展和成效。要坚持在落细、落小、落实上下功夫,把安全文化建设与企业安全生产日常决策、日常管理和操作行为紧密结合起来,形成同频共振、同向同行的强大效应。要按照企业可持续发展要求,推行安全承诺、安全宣誓等仪式,完善企业自律公约、员工岗位安全守则等行为规范,建立岗位明白卡、班前会、手指口述、岗位"三违"自查自纠等制度,使安全文化融入企业职工日常工作;要在员工培养培训、选拔任用、考核评价、管理监督、激励约束中深入贯彻安全生产标准,体现鲜明的安全生产导向。

2. 要充分尊重企业职工的主体地位

企业安全文化建设过程中,只有充分尊重群众的创造主体、实践主体和表现主体地位,广泛调动人民群众的积极性、主动性和创造性,才能使安全文化获得最广泛的群众基础和最深厚的力量源泉,才能真正被人民群众所认同、掌握和践行,成为推动企业安全生产的强大力量。要坚持一切为了群众的指导思想,把保护群众生命财产安全作为文化建设的出发点和落脚点,贯穿安全文化建设全过程。要坚持"从群众中来、到群众中去"的工作方法,凝练理念、制定规划、出台政策都要充分尊重群众首创精神,注重在双向沟通、集思广益中统一思想、凝聚共识,使安全文化建设充分体现群众期待,使群众高度认同,进而产生对安全文化的自觉和自信。要坚持一切依靠群众,不断强化人民群众安全生产权利义务意识和主人翁责任感,自觉做到安全生产从我做起,逐步变"要我安全"为"我要安全";要扩大广大群众对安全生产的知情权、参与权、表达权和监督权,建立企业安全生产信息公开制度,探索建立由职工代表、安全专家和企业负责人构成的"企业安全生产委员会",从机制上保证职工参与安全生产工作决策,进一步畅通安全生产微博、微信、"12350"电话等安全隐患、安全事故举报监督渠道,最大限度地凝聚群众参与和监督安全生产工作的合力。要把安全文化建设的成果,体现到对安全生产价值理念、制度规范的广泛认同上,体现到广大群众安全生产意识和能力的不断提高上,体现到群众的安全健康权益进一步得到保障上,使人民群众切身感受到安全生产的重要责任、重要地位和重要作用。

3. 要构建典型引路、以点带面的工作体系

榜样的力量是无穷的,见贤思齐、以点带面、以上率下是推动工作落实的重要手段。在企业中,要大力选树职工身边的先进典型,让职工推荐、职工评选,让职工在参与中受到教育,在对比中找到差距,激励职工学习先进、追赶先进、争当先进;企业负责人和各级管理人

员要强化带头意识，重视、支持、亲力亲为抓安全生产工作，以上率下，以自身模范言行感召职工、带动职工。要坚持正确的利益导向，确保与职工现实利益密切相关的政策措施和经营管理行为体现安全优先要求，防止背离和脱节现象，切实形成安全生产好人好报、以恩报德的正向效应。要奖惩分明，加大对非法违法、违章违规行为的处罚问责力度，决不让问题职工、问题行为产生"劣币驱逐良币"现象。

4. 要深化宣传和持续灌输

知是行的前提和基础，内心认同才能自觉践行，企业安全文化建设必须持续强化宣传灌输，在增强认知和认同上下功夫。要持续开展以讲促学、以写促学、以考促学活动。要加大安全生产宣传工作力度，通过专家研讨论证、统计数据推理、讲身边故事等形式深入阐释安全理念，积极运用网站、微博、微信、手机报等新媒体传播安全生产正能量，形成良好的安全道德是非观和安全价值判断标准。强化警示教育，通过组织观看事故警示片、事故责任人现身说法、参观安全生产警示教育基地等形式，把"一厂（矿）出事故、万厂（矿）受教育"落到实处。要善于用身边事教育身边人，用小故事阐释大道理，通过逢会必讲安全、家属亲情教育、安全现身说法、8小时外安全关注等方法，营造良好人文安全环境。要运用文艺的表现形式以文化人，通过开展安全生产月、安全知识竞赛、书法展览、文艺演出等活动，生动具体地表现安全文化理念，形象地告诉企业各类人员什么是安全生产的真善美、什么是安全生产的假恶丑、什么值得肯定和赞誉、什么必须反对和否定。加强新闻资源、记者站和通讯员队伍建设，全面推动安全文化进机关、进企业、进社区、进学校、进农村、进家庭、进公共场所。

要深入开展企业安全文化建设的理论和实践研究，把企业安全文化作为法规政策制定、安全生产和职业健康"三同时"审查、许可准入、执法检查、标准化认定等工作重要内容，形成良好的政策支持和法规保障。对已命名的安全文化建设示范企业进行梳理，形成不同行业、不同规模企业安全文化创建模式，制定各行业安全文化企业建设指南，组织开展"安全文化心连心、示范企业手拉手"主题活动，大力推介企业安全文化建设模式，形成安全文化建设的行业领域和地域效应。大力宣传企业安全文化建设的成效，引导全社会了解企业安全文化、参与企业安全文化创建工作。认真学习贯彻习近平总书记关于"既严以修身、严以用权、严以律己，又谋事要实、创业要实、做人要实"的重要指示精神，牢固树立正确的政治观、群众观、政绩观、权力观和廉政观，强化企业安全文化建设的责任意识和责任担当，胸怀大局、求真务实、真抓实干，确保每项工作都有部署、有检查、有奖惩、有实效。

三、安全文化建设问题对策及展望

（一）安全文化建设中存在的问题

1. 安全文化建设缺少顶层设计，安全文化体系不够完善

各级政府、社会和企业虽然在安全文化建设方面做了不少工作，但对安全文化的理解认知、创建形式和落地效果则五花八门、参差不齐，不同地区和行业之间安全文化发展也不平衡。有的将安全文化片面化、狭义化，更加注重表面的容易显示的方面，忽视安全文化建设的引领性、创造性和系统性，不去注重深层次的对"本质安全人"的灵魂培塑。一些企业的安全文化概念模糊不清晰、安全文化建设目标抽象不具体，方法不够规范，效果不够突出，应付检查、评比的"运动式、突击式"的现象依然存在。总体上看，安全文化建设取得的成果表现为形式化、零散化和碎片化，无法形成相互支撑、相互推动、相互促进、共同提升的强大合力和正向引导社会公众的安全文化力场。

2. 安全文化建设意识不强，投入不足，基础薄弱

调研发现，不少单位和企业安全文化建设的主动意识还比较淡薄，

"一把手"对安全文化建设工作重视程度不足。有些单位的领导甚至是分管安全文化工作的领导,对安全文化的内涵一知半解,把安全文化建设等同于一般的文化活动,热衷编口号、贴标语、造舆论、搞声势。安全文化建设投入不足,很多企业文化建设经费预算低,除去文体活动和文体设施建设经费外,落实到安全文化建设上的经费少之又少。还有一些单位的安全文化建设经费随意性和随机性很大,落实起来困难重重。边远贫困地区安全设施建设投入尚且不足,安全文化建设投入更无从谈起。一些地区对安全文化建设示范典型没有落实好激励措施,导致部分企业安全文化建设的动力不足。

3. 安全文化建设的资源配置不均衡

一是文化领域的广博资源用于安全的较少,安全生产领域的文化资源也没有得到充分利用。二是从安全文化建设的资源配置情况看,地区之间、企业之间参差不齐,发展不均衡、不协调。三是部分经济发展好的地区和企业花费巨资创作的大量安全文化产品,仅限于本区域、本企业内部使用,不能流通共享,资源匮乏的地区和企业只能望洋兴叹,造成资源的重复和浪费。四是安全文化建设重"硬"轻"软"的现象也比较明显,有形的东西抓得多、投入多,无形的东西抓得少、投入少,尤其是人文关怀、心理诱导、素质提升、能力建设等方面做得很不够。

4. 安全文化产业的发展相对落后

一是安全文化企业规模较小,全国安全文化产业中 90% 以上属于中小型企业,而且资源分散,集约化程度低,抗风险能力差。二是安全文化产业的发展盲目自发,缺少宏观调控和方向引导,与国家安全文化建设的整体需求相去甚远。三是安全文化产品由于缺乏健全的市场机制而无法流通共享并得以充分利用。四是安全文化产品消费流通渠道由于利益壁垒而无法畅通。例如,国家早就鼓励安全培训考核市场化运作,多采用现代网络科技手段,然而有些地区仍然沿袭垄断式培训考核方式。调研中发现,很多企业主动要求使用"中安传媒·国家安全生产宣教培训平台"等新媒体进行培训，这样不仅能降低成本，而且针对性、普及性更强，效果更好，但由于培训结果不被认可，不得不集中人员到市里、省里培训，不仅浪费人力、物力、财力，而且事倍功半。五是安全文化产业中的民营企业处境尴尬、举步维艰，很难得到政府的关注和扶持。六是安全文化产业监管机制不健全，国家扶持政策不到位，产业发展规划和实施措施不配套，安全文化市场紊乱无序，行业规范和投融资体系缺失。

5. 决策管理层安全领导力水平较低，全民安全文化、本质安全素质不高

在影响安全生产的诸多因素中，人的因素是第一因素、决定性因素，同时也是动态变化、具有不确定性和最难控制或解决的因素，人的因素的隐患成为事故隐患的"第一患"。我国各类事故中人的致因仍处于主要影响地位，甚至相对于技术、管理因素，人的因素的影响和作用还在进一步加剧。这种影响和作用表现在如下方面：一是决策层的安全领导力，由于一些地方党政领导和企业负责人的安全决策能力水平低、不稳定和不持续，使落实安全发展战略的决策水平低下和对安全系统组织协调的速度缓慢低效；二是管理层的专业理论水平较低、业务管控能力较差，政府安全监管人员和企业安全专管人员的管理不专业、不科学、不合理；三是全民的安全文化素质不高、本质安全素质缺乏，表现在安全观念落后、安全态度不端、安全意识不强、安全能力较差。

(二) 安全文化建设的对策

1. 加快安全文化建设顶层设计，加强安全文化理论研究，构建安全文化建设体系

安全文化建设是以人的本质安全化为目的的灵魂塑造系统工程，是安全生产凝魂聚气、强基固本、标本兼治的基础性、战略性工程，不可一蹴而就，应该提升到国家战略的高度来认识，抓早抓好。要认

真贯彻党的十九大精神，以习近平新时代中国特色社会主义思想为指导，立足实际、统筹兼顾、科学构思、合理规划、分类指导，确立具有新时代中国特色的安全文化理论体系和发展战略，加快安全文化建设的顶层设计，进一步明确安全文化建设的目标、方向、任务和要求，综合制定安全文化建设的发展纲要，全面设计安全文化政策制度，统筹解决安全文化建设的机制、体制和组织机构问题，以保证安全文化建设与安全发展战略同步、与文化强国战略同步。鼓励高等院校、科研机构、社会中介机构等，加强安全文化理论的研究创新，推进安全文化建设的科学化、系统化和规范化进程，构建安全文化建设体系。

2. 强化安全文化建设意识，加大投入，强基固本

精准界定安全文化的内涵和外延，清晰和固化安全文化的概念，唤起全社会的高度重视和关注，强化全民的认知和认同感。注重普及安全文化基本理念和常识，从安全价值观和人文心理上寻求安全文化发展的新途径。各级政府要把安全文化工作作为"硬指标"纳入经济社会发展的总体规划，列入重要的议事日程，要把安全文化建设与安全生产放在同等高度，落实"党政同责、一岗双责、齐抓共管"和企业的主体责任。建立严格的考核评价机制，把安全文化建设水平作为衡量本地区发展质量的重要标准，作为考核评价领导实绩的重要尺度。安全文化工作的监管部门要切实履行职责，科学制定规划，充分发挥职能作用。各级政府要制定有利于安全文化建设的制度措施，提供必要的经费保证。严格规定安全文化建设的专项经费来源和比例、管理方法和使用途径。企事业单位根据经济效益，每年拿出固定比例的经费用于本单位安全文化建设。鼓励社会各界支持赞助安全文化公益事业。要加大对经济落后地区和单位的经费投入，改善安全文化基础设施建设的水平，确保贫困地区民众共享安全文化建设的成果。同时，加强安全文化队伍建设，充分发挥党组织、工会、共青团组织的作用，选拔任用安全文化工作的骨干，积极发掘优秀创新型人才，促进安全

文化队伍的发展壮大，夯实安全文化建设的基础。

3. 优化安全文化建设资源配置，健全安全文化信息资源共享平台

整合文化和安全生产两个领域的安全文化资源，倡导和鼓励专业文艺团体、企事业文艺团体宣传安全文化，形成多层次、全社会参与的安全文化宣传队伍。各级政府的安全生产监管部门要根据本地区、本部门的特点和需要健全组织，加强对安全文化工作的指导，加强安全文化信息监管。充分发挥网络信息传播的现代科技优势，实现前沿最新技术与传统文化习惯的高度融合。以安监系统宣教部门为依托，以"中安传媒·国家安全生产宣教培训平台"为载体，建立独立的综合性安全文化信息中心和宣教传播平台，整合安全文化资源，收集并及时发布安全文化信息，实现安全文化资源的流通共享和安全文化信息的互联互通，同时负责全国安全文化信息的管理、政策制定和人员培训。激活安全文化培训机制，疏通安全文化传播渠道，时实将安全文化信息传播到千家万户，使安全文化知识和安全文化意识转化为全民的安全自觉。国家应给予优惠政策和专项经费的扶持。

4. 营造良好环境，加快安全文化产业发展

发挥资本市场和新技术革命的作用，为安全文化产业的发展创造优良环境。运用股票发行注册制、区域性股权交易、信贷资金证券化、金融衍生品市场等途径，为安全文化企业的发展创造有利的资本市场。紧跟物联网、云计算、大数据、人工智能的迅猛发展，搞好新技术融合，提高安全文化产业的发展质量。引导和鼓励社会资本投资安全文化创意、设计和信息服务、文化娱乐业等领域，完善扶持政策和金融服务，用好安全文化产业发展专项资金和税收减免，给安全文化产业的发展创造好的政策环境。针对传统安全文化培训项目，打破传统利益壁垒，降低培训成本，提升培训效果。着力打造专业化的培训企业，盘活安全文化培训资源，拓宽安全文化培训的路子。尽快建立政府主导的市场化运作安全文化金融公共服务平台，统揽安全文化金融合作

和服务，通过项目对接、信息交换、业务培训、资金支持等方式，服务安全文化企业。有条件的地区尽快探索建立安全文化金融合作实验区，促进各类资本参与安全文化金融创新。建立安全文化产业引导基金，促进社会资本进入安全文化产业。充分发挥政府的导向作用，培育优秀民营企业，多渠道发挥安全文化产业的作用。

5. 强化人的因素本质安全，提升全民安全素质，提高国家和全社会的安全领导力、管控力和执行力

一要借习近平总书记提出的"党政同责、一岗双责"战略原则之力，通过全社会安全责任体系的构建和完善，提高政府、社会和企业决策层的安全领导力和决策力。具体措施是设计和建立各级各类安全生产决策层人员的安全理论学习制度；推行对政府决策层的安全效能测评考核机制；制定和实施企业主要负责人安全专业化分级能力培训计划。二要提高各级政府安全执法监管人员和企业安全专管人员的专业素质，从而强化和提高国家安全治理能力和企业安全管控力，提升安全法规、标准和制度的执行效能和水平。具体措施是稳定政府和企业的安全专管人员队伍；建立与完善安全学历教育、继续教育、职业教育"三位一体"的安全专业教育培训体系；建立安全监管人员准入制度和专业执业资格认证制度，推进监管队伍资格化、专业化。三要全面提高社会公众和企业员工的总体安全和本质安全素质，构建"人人参与、人人有责"的责任体系，从而提高全民的安全执行力和落实力。具体措施是大力实施国民"安全素质提升工程"，实施"全民安全教育计划"，强化全民安全防范意识和能力，将安全知识纳入国民教育体系；发动政府与企业、社会资源运用文化教育、媒体传播、社会活动、学术交流等形式载体，让安全知识进企业、进校园、进机关、进社区、进农村、进家庭、进公共场所，使全民安全意识得到强化，安全理念得到优化，安全知识得到丰富，安全能力得到增强，安全法规得到落实。

(三) 构筑新时代中国特色安全文化

习近平总书记在党的十九大报告中指出:"文化是一个国家、一个民族的灵魂","树立安全发展理念,弘扬生命至上、安全第一的思想"。近年来,党中央、国务院高度重视安全生产,高度重视安全文化建设在安全生产中的根基作用。习近平总书记、李克强总理多次对安全生产做出的重要指示批示和一系列重要论述,为安全文化建设开启了新的航程。"发展不能以牺牲人的生命为代价"的红线意识、"安全第一"的思想、"以人为本、关爱生命、安全发展"的理念等作为安全文化的核心价值理念已深入人心。安全文化是安全生产的根本和灵魂,是引领安全发展的根基与动力,是实现安全生产长治久安的制胜法宝。没有通过文化的长久浸润和积淀,使人们形成植根于内心的"安全第一"的意识、"以人为本,生命至上"的价值理念、遵纪守法的思维定式和无须提醒以安全为前提的行为自觉,就不可能真正实现安全发展,就不可能成久安之势、建长治之业。我国的安全文化建设总体上看,由于多种因素的制约,无论是从文化中的安全维度还是从安全中的文化维度来看,安全文化建设的力度都还远远不够,与人民群众对安全生产的迫切希望、与不断发展的安全生产形势相比,仍然存在一定差距,与安全发展战略的要求不相适应,与新时代中国特色社会主义新的历史阶段发展要求不相适应。安全文化建设存在一系列问题,导致了安全文化建设滞后,与经济和社会发展脱节,若不及时补齐短板,将会制约党的十九大确定的发展目标和中华民族伟大复兴的顺利实现。追求并创造一个更加安全和舒适的世界,落实安全、减灾、无害的奋斗目标,已成为世界安全文化(或全球预防文化)的主旋律。中国安全文化的宝库有待被进一步挖掘,其巨大的潜力需要被激发,安全文化将为安全科学技术的发展插上翅膀。

新时代安全文化要服从新时代中国特色社会主义建设的总体推进战略,要深入学习习近平总书记关于应急管理重要思想和安全发展重要论述，切实增强安全文化宣传工作的针对性和社会效果，做到有的放矢，将安全文化建设与国情、全民文化素质、全民族科普意识统一起来。要站在应急管理的高度，全面普及防灾减灾知识技能，制定系统的综合减灾战略，全面提升自然灾害综合防范应对能力和全社会抵御自然灾害的综合能力。通过安全文化的宣教和传播，使大众对不安全的行为和习俗得以反省，达到人人力行安全、力创安全、力保安全的目的，倡导全民树立具有新时代特点的安全文化新思路与新观点。

1. 扩展和研究安全的新领域

仅研究生产领域的安全是不完整的，必须不断扩展和研究生活、生存领域的安全问题，只有这样，才可能全面地认识安全、事故、灾害的本质及运动规律。从安全科技文化的角度，要求人民树立安全的新观念，在重视安全生产的同时，把更多的力量投入家庭安全、校园安全、消防安全、交通安全、产品安全、药物安全、保健和娱乐安全，以及环境与其他非生产领域等的安全上。

2. 保护人所从事一切活动的安全

保护人所从事一切活动的安全观点，就要从以安全生产和保护职工的安全与健康为基础，不断扩充到保护一切活动的人的安全。例如，交通安全、消防安全、减灾防灾、居家安全、休闲安全、食品安全、环境安全、农业安全、生存安全等非生产领域的安全，目的是保护人在从事任何活动时的身心安全与健康。人是一切活动中最活跃的因素，安全并健康的人才能从事社会发展、科技进步、文化繁荣等一切活动。这也体现了以人为本、生命至上、关爱人生、尊重人权的崇高理念。

3. 用大安全观重视培养下一代

利用一切宣传媒介和手段，有效地传播、教育和影响公众，使其建立科学的大安全观，当务之急是培养和造就幼儿、中小学生从小树立安全观。通过宣教途径使人人都具有科学的安全观，职业的伦理道德，安全行为规范，掌握自救、互救、应急的防护技术，把提高全民安全文化素质作为宣传与教育的长期战略和重要课题。传播安全文化知识，开展安全科普教育和继续安全工程教育，把安全科技文化教育作为大众终身教育的内容。

4. 用大文化观来完善和拓展安全科学技术学科

国家标准 GB/T 13754—1992 即《学科分类与代码》中，安全科学技术学科被列为一级学科，其他包括 5 个二级学科、27 个三级学科，但就其学科理论和学科构架来说，仍需充实和完善。只有以大安全文化观进行思考，才可能形成一个非封闭的学科体系，主要涉及安全科学技术其他学科、安全学其他学科、安全工程其他学科、职业卫生工程其他学科、安全管理工程其他学科、安全科学技术其他学科。在一定条件下，在现有学科的基础上，必然会产生新的学科，很有可能在安全、环保、减灾学科交叉、融合中有所创新和发展，出现一些符合新时代发展和科技进步的新兴安全学科。

5. 弘扬先进安全文化提高全民安全文化素质

人人需要安全，人人有责任维护安全，人人有义务创造和保障安全。坚持不懈地倡导和弘扬安全文化，能够激励和强化全民安全意识，推动安全文明的宣教活动，达到启发、教育、造就符合时代安全要求的人民大众，形成全球、全社会和谐的安全文化氛围，建造人类可持续生存和发展的更加安全、健康、舒适的文明世界。提高全民的安全文化素质，需要世代努力、永不停息，是人类发展中的永恒追求目标之一。

6. 培训和树立超前、预防、科学的安全风险理念

全面推广和应用安全科学技术和现代高新技术，对安全风险进行评价、预测、预报，提倡减灾、防灾、预防文化，培养和树立超前探索的安全风险意识，以主动、科学、系统的方法保障人类的安全、健康和幸福。这样才能真正落实"安全第一、预防为主、综合治理"的根本方针。

第八章　安全生产应急管理

安全生产事故应急管理是指政府及其安全生产监管部门、相关机构和生产经营单位，为迅速有效地应对可能发生的生产事故，尤其是重特大事故，减少事故所造成的生命和财产损失而组织开展的应急准备、应急处置、应急保障等一系列工作。包括应急管理法制体制和机制建设，应急预案建设、应急培训演练、应急物资储备、抢险救灾、现场处置，以及开展预防性监督检查等。加强救援队伍和救援基地建设，形成布局合理、覆盖严密、快速有效的应急救援体系，提升对重特大事故等突发情况的应对处置能力，是安全生产应急管理工作的重要内容。

2007年8月，全国人大常委会审议通过、颁布实施了《中华人民共和国突发事件应对法》，在应急准备、监测与预警、应急处置与救援、恢复与重建等方面建立了一整套法律制度。2014年10月修改的《中华人民共和国安全生产法》，2019年2月颁布实施的《生产安全事故应急条例》，对安全生产应急管理做出了进一步的规范。所有这些，都为加强安全生产应急管理和应急救援工作提供了遵循。

第一节　生产安全事故应急准备

一、健全完善安全生产应急救援体系

2006年2月，国务院批准成立国家安全生产应急救援指挥中心，

为国务院安全生产委员会办公室领导、国家安全生产监管总局管理的事业单位，履行全国安全生产应急救援综合监督管理的行政职能，协调指挥安全生产事故灾难的应急救援工作。

随后，国家相关部门也建立了专业应急救援指挥机构，与国家安全生产应急救援指挥中心之间建立了配合协同工作机制。通过整合救援资源，建立了矿山、危险化学品、综合救援与消防、道路交通、水上搜救、铁路、民航、电力、旅游、核工业等应急救援体系。

2016年12月9日，《中共中央国务院关于推进安全生产领域改革发展的意见》提出推进安全生产应急救援管理体制改革。按照政事分开的原则，推进国家安全生产应急救援指挥中心改革，明确机构性质，强化行政管理职能，提高应急管理能力。建立完善省、市、县三级安全生产应急救援管理机构，明确机构性质及职责，健全相关工作机制，强化应急管理与处置职能。

2018年，根据《深化党和国家机构改革方案》成立应急管理部，整合国家安监总局的职责，国务院办公厅的应急管理职责，公安部的消防管理职责，民政部的救灾职责，国土资源部的地质灾害防治、水利部的水旱灾害防治、农业部的草原防火、国家林业局的森林防火相关职责，中国地震局的震灾应急救援职责，以及国家防汛抗旱总指挥部、国家减灾委员会、国务院抗震救灾指挥部、国家森林防火指挥部的职责，防范化解重特大安全风险，健全公共安全体系，整合优化应急力量和资源，推动形成统一指挥、专常兼备、反应灵敏、上下联动、平战结合的中国特色应急管理体制，提高防灾、减灾、救灾能力，确保人民群众生命财产安全和社会稳定。应急管理部的主要职责是，组织编制国家应急总体预案和规划，指导各地区各部门应对突发事件工作，推动应急预案体系建设和预案演练。建立灾情报告系统并统一发布灾情，统筹应急力量建设和物资储备并在救灾时统一调度，组织灾害救助体系建设，指导安全生产类、自然灾害类应急救援，承担国家应对特别重大灾害指挥部工作。指导火灾、水旱灾害、地质灾害等防治工作。负责安全生产综合监督管理和工矿商贸行业安全生产监督管理等。

由应急管理部应急指挥中心、国家安全生产应急救援中心、专业应急救援机构和地方应急救援指挥机构所组成的安全生产应急救援体系，以及各级政府及部门、相关行业企业之间的应急救援协调联动机制逐步建立健全；以矿山救护、危化救援队伍为骨干，以其他行业领域救援队伍为重要力量的安全生产救援体系基本形成。各地区要按照政事分开的原则，推进国家安全生产应急救援中心改革，明确机构性质，强化行政管理职能，提高应急管理能力。要建立完善省、市、县三级安全生产应急救援管理机构，明确机构性质及职责，健全相关工作机制，强化应急管理与处置职能。

二、健全完善应急预案体系

应急救援预案是指针对可能发生的事故，为迅速、有序地开展应急行动而预先制定的行动方案。我国的应急管理及其预案工作是在"非典"疫情发生之后，被列为政府履行社会管理职能重大课题的。2003年5月9日，《突发公共卫生事件应急条例》出台是我国首个应急管理行政法规。通过总结吸取抗击"非典"过程中政府应急处置工作的经验教训，以"一案三制"（应急预案和应急体制、应急机制、应急法制）为核心的应急管理工作思路得到明确，应急预案工作率先被摆上国务院重要日程。

2003年11月，国务院办公厅成立的应急预案工作小组，是国务院层面建立的首个应急工作机构。国务院办公厅印发了《国务院有关部门和单位制定和修订突发公共事件应急预案框架指南》和《省（区、市）政府突发公共事件总体应急预案框架指南》，要求各部门、各单位和各地政府遵循"预防为主、常备不懈"的方针，贯彻"统一领导、分级负责、反应及时、措施果断、依靠科学、加强合作"的原则,按照"以人为本、依法依规、分级负责、资源整合、平战结合"的要求,认真做好突发事件应急预案编制工作。2006年1月8日,国务院公布实施的《国家突发公共事件总体应急预案》,从三个方面统一和规范了我国的应急预案工作,对突发公共事件进行了分类分级。将我国突发公共事件分为自然灾害、事故灾难、公共卫生事件、社会安全事件4大类。其中,"事故灾难"包括了民航、铁路、公路、水运等交通运输领域发生的重特大事故;工矿商贸、建筑施工企业发生的重特大生产安全事故,公共场所以及机关、企事业单位发生踩踏、火灾等重特大事故;造成重大影响和损失的供水、供电、供油和供气事故,以及通信、信息网络、特种设备等事故;核与辐射事故;重大环境污染和生态破坏事故等。依据其可能造成的危害程度、紧急程度和发展态势,把突发公共事件分为特别严重(Ⅰ级)、严重(Ⅱ级)、较重(Ⅲ级)、一般(Ⅳ级),依次用红色、橙色、黄色和蓝色来表示。建立了由6个层次构成的我国突发公共事件应急预案系统框架,其中包括总体应急预案,这是全国应急预案体系的总纲,是国务院应对特别重大突发公共事件的规范性文件;专项应急预案,即国务院及其有关部门为应对某一类型或某几种类型突发公共事件而制定的应急预案;部门应急预案,即有关部门根据部门职责而制定的预案;地方应急预案,包括省级政府的总体应急预案,专项应急预案和部门应急预案,市县级政府及其基层政权组织的突发公共事件应急预案;企事业应急预案,即企事业单位根据有关法律法规制定的应急预案;重大活动应急预案,举办大型会展和文化体育等重大活动,主办单位应当制定应急预案。确立了应急预案工作的组织体系和运行机制。规定国务院是突发公共事件应急管理工作的最高行政领导机构,国务院常务会议和相关机构负责突发公共事件的应急管理工作;有关部门依据职责,负责相关行业领域的专项预案、部门预案的起草与实施;地方各级人民政府负责本行政区域各类突发公共事件的应对工作。要求针对各种可能发生的突发公共事件，做好预测与预警、应急处置、恢复重建、信息发布、应急保障、监督管理等工作，形成了"统一指挥、分级负责、协调有序、运转高效"的预案工作和应急联动机制。

总体预案颁布之后，国务院及相关部门先后发布了25个专项预案和80个部门预案。在25个专项预案中，有生产安全事故灾难、处置铁路行车事故、处置民用航空器飞行事故、海上搜救、处置城市地铁事故灾难、处置电网大面积停电事件、核应急、突发环境事件、通信保障9个事故灾难类国家应急预案。在80个部门预案中，有矿山事故灾难、危险化学品事故灾难、建设工程重大质量安全事故、陆上石油天然气储运事故灾难、石油天然气开采事故灾难、海洋石油天然气作业事故灾难、海洋石油勘探开发溢油事故、公路交通突发公共事件、城市桥梁重大事故、水路交通突发公共事件、铁路交通伤亡事故、铁路危险化学品运输事故、国防科技工业重特大生产安全事故等22个事故灾难应急预案。

2005年5月颁布实施的《国家安全生产事故灾难应急预案》，从组织体系及相关机构职责、预警预防、应急响应、后期处置、保障措施，以及奖励与责任追究等方面，规范了生产安全事故灾难的应急救援程序和相关工作。2006年9月，国家安监总局发布了安全生产预案的首个行业标准——《生产经营单位安全生产事故应急预案编制导则》（AQ/T 9002—2006），明确了预案的相关标准和规范（2013年7月上升为国家标准，标准号为GB/T 29639—2013）。2006年10月，国家安监总局发布了《矿山事故灾难应急预案》《危险化学品事故灾难应急预案》《陆上石油天然气储运事故灾难应急预案》《海上石油天然气开采事故灾难应急预案》《海洋石油天然气作业事故灾难应急预案》。针对冶炼企业重特大事故时有发生的情况，国家安监总局制定和发布了《冶金事故灾难应急预案》（不在国务院公布的80个部门预案之列），明确了高炉爆炸、煤粉爆炸、钢水铁水爆炸、煤气火灾爆炸等事故的处置方案和处置要点。国家安监总局随后又发布了《尾矿库事故灾难应急预案》《反对恐怖事故应急预案》《防范和应对自然灾害引发生产安全事故应急预案》和国家安监总局参与核事故应急预案等，国家层面的事故灾难应急预案达42个。

2009年4月，国家安监总局制定下发了《生产安全事故应急预案管理办法》和《生产经营单位生产安全事故应急预案评审指南（试行）》，对应急预案的编制、评审、备案、培训、演练和修订等环节提出了规范性要求。规定地方各级安监部门要定期组织应急预案演练，企业要根据本单位的事故预防重点，"每年至少组织一次综合应急预案演练或者专项应急预案演练，每半年至少组织一次现场处置方案演练"。从2009年开始，在全国"安全生产月"活动中加入了"应急预案演练周"内容，预案演练从此被纳入制度化、常态化轨道。2013年，国家质量监督检验检疫总局等颁布了《生产经营单位生产安全事故应急预案编制导则》（GB/T 29639—2013），规定了生产经营单位编制生产安全事故应急预案的编制程序、体系构成和综合应急预案、专项应急预案、现场处置方案等，对指导生产经营单位做好生产安全事故应急预案编制工作，解决部分生产经营单位应急预案存在的问题，提高生产经营单位应急预案的编制质量起到重要推动作用。

2013年11月，国务院办公厅印发的《突发事件应急预案管理办法》，在总结2004年之后国内应急预案体系建设实践经验、借鉴国外做法、吸收最新研究成果的基础上，围绕着应急预案的编制、审批备案和公布、应急演练、评估和修订、培训和宣传教育、指导监督等，建立了多项法律制度。要求各级政府针对本地区多发易发突发事件、主要风险等制定预案，既能覆盖本行政区域可能发生的各类突发事件不留空白，又能促进应急预案之间衔接而形成体系。要求在编制前开展风险评估和应急资源调查，以确保应急时刻资源调度有效有序。要求由单位和基层组织制定的应急预案，一定要更加侧重细节，体现自救互救、信息报告和先期处置特点，尽可能地明确应急响应责任人、风险隐患监测、信息报告、预警响应、应急处置、人员疏散撤离组织和路线等，以强化预案的实用性。要求自然灾害、事故灾难、公共卫生类政府及其部门应急预案向社会公布，充分利用互联网、广播、电视、报刊等多种媒体广泛宣传，从而保证社会公众的知情权、参与权和监督权。

2019年2月，国务院颁布实施的《生产安全事故应急条例》，要求生产安全事故应急救援预案应当符合有关法律法规、规章和标准的规定，具有科学性、针对性和可操作性，明确规定应急组织体系、职责分工以及应急救援程序和措施。县级以上人民政府负有安全生产监督管理职责的部门，应当将制定的生产安全事故应急救援预案报送本级人民政府备案；易燃易爆物品、危险化学品等危险物品的生产、经营、储存、运输单位，矿山、金属冶炼、城市轨道交通运营、建筑施工单位，以及宾馆、商场、娱乐场所、旅游景区等人员密集场所经营单位，应当将制定的生产安全事故应急救援预案按照国家有关规定报送县级以上人民政府负有安全生产监督管理职责的部门备案，并依法向社会公布。县级以上地方人民政府以及县级以上人民政府负有安全生产监督管理职责的部门，乡、镇人民政府以及街道办事处等地方人民政府派出机关，应当至少每两年组织1次生产安全事故应急救援预案演练。易燃易爆物品、危险化学品等危险物品的生产、经营、储存、运输单位，矿山、金属冶炼、城市轨道交通运营、建筑施工单位，以及宾馆、商场、娱乐场所、旅游景区等人员密集场所经营单位，应当至少每半年组织1次生产安全事故应急救援预案演练，并将演练情况报送所在地县级以上地方人民政府负有安全生产监督管理职责的部门。县级以上地方人民政府负有安全生产监督管理职责的部门应当对本行政区域内前款规定的重点生产经营单位的生产安全事故应急救援预案演练进行抽查；发现演练不符合要求的，应当责令限期改正。2019年7月11日，应急管理部印发《关于修改〈生产安全事故应急预案管理办法〉的决定》（中华人民共和国应急管理部令第2号），对《生产安全事故应急预案管理办法》（国家安全生产监督管理总局令第88号）部分条款予以修改。

三、加强专业应急救援队伍建设

2006年6月15日，国务院发布的《关于全面加强应急管理工作的意见》强调，加强应急救援队伍建设；落实"十一五"规划有关安全生产应急救援、国家灾害应急救援体系建设的重点工程；建立充分发挥公安消防、特警以及武警、解放军、预备役民兵的骨干作用，各专业应急救援队伍各负其责、互为补充，企业专兼职救援队伍和社会志愿者共同参与的应急救援体系；加强各类应急抢险救援队伍建设，改善技术装备，强化培训演练，提高应急救援能力；建立应急救援专家队伍，充分发挥专家学者的专业特长和技术优势；逐步建立社会化的应急救援机制，大中型企业特别是高危行业企业要建立专职或者兼职应急救援队伍，并积极参与社会应急救援研究制定动员和鼓励志愿者参与应急救援工作的办法，加强对志愿者队伍的招募、组织和培训。

当前，各地区需要结合产业发展、环境条件和事故态势，开展国家和区域安全生产应急救援力量需求评估，针对现有救援力量难以覆盖的区域，依托消防救援、大型企业、工业园区等应急救援力量，整合和加强现有救援队伍，培育专业化救援组织，积极推进矿山、危险化学品、油气管道、交通运输、医疗救护等重点行业领域及重点地区应急救援基地和队伍建设，扩大空间覆盖范围，增强专业救援能力。

第二节 生产安全事故应急预警与处置

安全生产事故应急预警与处置是在安全事故发生以后立即采取的

应急与救援行动，包括事故的报警与通报，人员的紧急疏散、急救与医疗、消防及工程抢险措施、信息收集与应急决策、向外部求援等。最终目的是抢救受害人员，保护可能受威胁的人群，尽可能地控制并消除安全事故。

一、应急预警

预警通常是与监测分不开的，是指通过对生产活动和安全管理进行监测与评价，警示生产过程中所面临的危害程度。我国相关的法律法规对突发事件信息监测提出了要求。《中华人民共和国突发事件应对法》第四十一条规定："国家建立健全突发事件监测制度。县级以上人民政府及其有关部门应当根据自然灾害、事故灾难和公共卫生事件的种类和特点，建立健全基础信息数据库，完善监测网络，划分监测区域，确定监测点，明确监测项目，提供必要的设备、设施，配备专职或者兼职人员，对可能发生的突发事件进行监测。"《中华人民共和国安全生产法》第七十六条规定："国务院安全生产监督管理部门建立全国统一的生产安全事故应急救援信息系统，国务院有关部门建立健全相关行业、领域的生产安全事故应急救援信息系统。"《国家总体应急预案》规定："各地区、各部门要针对各种可能发生的突发公共事件，完善预测预警机制，建立预测预警系统，开展风险分析，做到早发现、早报告、早处置。"《生产安全事故应急条例》第十六条规定："国务院负有安全生产监督管理职责的部门应当按照国家有关规定建立生产安全事故应急救援信息系统，并采取有效措施，实现数据互联互通、信息共享。生产经营单位可以通过生产安全事故应急救援信息系统办理生产安全事故应急救援预案备案手续，报送应急救援预案演练情况和应急救援队伍建设情况；但依法需要保密的除外。"《国家安全生产事故灾难应急预案》3.2预警行动规定："各级、各部门安全生产事故灾难应急机构接到可能导致安全生产事故灾难的信息后，按照应急预案及时研究确定应对方案,并通知有关部门、单位采取相应行动预防事故发生。"根据分类管理的基本原则,各相关部门分别建立各自的监测机制。《生产安全事故信息报告和处置办法》(国家安全生产监督管理总局令第 21 号)要求安全生产监督管理部门、煤矿安全监察机构应当建立事故信息报告和处置制度,设立事故信息调度机构,实行 24 小时不间断调度值班,并向社会公布值班电话,受理事故信息报告和举报,并对事故信息报告程序、时限、信息报送方式及内容、信息处置进行了详细的规定。

《中华人民共和国突发事件应对法》第四十二条规定:"国家建立健全突发事件预警制度。可以预警的自然灾害、事故灾难和公共卫生事件的预警级别,按照突发事件发生的紧急程度、发展势态和可能造成的危害程度分为一级、二级、三级和四级,分别用红色、橙色、黄色和蓝色标示,一级为最高级别。预警级别的划分标准由国务院或者国务院确定的部门制定。"第四十三条规定:"可以预警的自然灾害、事故灾难或者公共卫生事件即将发生或者发生的可能性增大时,县级以上地方各级人民政府应当根据有关法律、行政法规和国务院规定的权限和程序,发布相应级别的警报,决定并宣布有关地区进入预警期,同时向上一级人民政府报告,必要时可以越级上报,并向当地驻军和可能受到危害的毗邻或者相关地区的人民政府通报。"

二、应急处置

应急处置是安全生产应急管理的核心,关系到人民群众的生命财产安全。《中华人民共和国安全生产法》第八十条规定:"生产经营单位发生生产安全事故后,事故现场有关人员应当立即报告本单位负责人。单位负责人接到事故报告后,应当迅速采取有效措施,组织抢救,防止事故扩大,减少人员伤亡和财产损失,并按照国家有关规定立即如实报告当地负有安全生产监督管理职责的部门,不得隐瞒不报、谎报或者迟报,不得故意破坏事故现场、毁灭有关证据。"第八十一条规定:"负有安全生产监督管理职责的部门接到事故报告后,应当立即按照国家有关规定上报事故情况。负有安全生产监督管理职责的部门和有关地方人民政府对事故情况不得隐瞒不报、谎报或者迟报。"第八十二条规定有关"地方人民政府和负有安全生产监督管理职责的部门的负责人接到生产安全事故报告后,应当按照生产安全事故应急救援预案的要求立即赶到事故现场,组织事故抢救。参与事故抢救的部门和单位应当服从统一指挥,加强协同联动,采取有效的应急救援措施,并根据事故救援的需要采取警戒、疏散等措施,防止事故扩大和次生灾害的发生,减少人员伤亡和财产损失。事故抢救过程中应当采取必要措施,避免或者减少对环境造成的危害。任何单位和个人都应当支持、配合事故抢救,并提供一切便利条件"。《生产安全事故应急条例》要求发生生产安全事故后,生产经营单位应当立即启动生产安全事故应急救援预案,采取应急救援措施,并按照国家有关规定报告事故情况;有关地方人民政府及其部门接到生产安全事故报告后,应当按照国家有关规定上报事故情况,启动相应的生产安全事故应急救援预案;对应急救援工作的组织、机构设置、人员物资调配等进行了明确的规定。

2013年,山东青岛"11·22"中石化输油管道爆炸事故发生后,山东省委书记姜异康、省长郭树清迅速率领有关部门负责同志赶赴事故现场,指导事故现场处置工作。青岛市委、市政府主要领导立即赶赴现场,成立应急指挥部组织抢险救援。中石化集团公司董事长傅成玉立即率工作组赶赴现场,中石化管道分公司调集专业力量、中石化集团公司调集山东省境内石化企业抢险救援力量赶赴现场。国务委员王勇在事故现场听取山东省、青岛市主要领导的工作汇报后,指示成立了以省政府主要领导为总指挥的现场指挥部,下设8个工作组,开展人员搜救、抢险救援、医疗救治及善后处理等工作。当地驻军也投入力量积极参与抢险救援。现场指挥部组织 2000 余名武警及消防官兵、专业救援人员，调集 100 余台（套）大型设备和生命探测仪及搜救犬，紧急开展人员搜救等工作。截至 12 月 2 日，62 名遇难人员身份全部确认并向社会公布，遇难者善后工作基本结束。136 名受伤人员得到妥善救治。青岛市对事故区域受灾居民进行妥善安置，调集有关力量全力修复市政公共设施，恢复供水、供电、供暖、供气，清理陆上和海上油污。当地社会秩序稳定。

第三节　事故调查与评估机制

事故调查与评估是安全生产的重要内容。事故调查的根本目的是分析事故原因，吸取事故教训，发挥警示作用，减少和防止同类事故发生。事故调查要求政府安全生产监管部门和相关部门，依照法定职权和程序对事故进行调查，搞清楚发生事故的原因（包括直接原因和间接原因），认定事故的性质（是否责任事故），厘清相关人员和单位对于事故所应承担的责任，依据事实和法律法规提出对事故责任者追究处理的意见。生产安全事故评估：一方面是指对生产安全事故造成的各种损失的评估，包括人员伤害、财产损失等；另一方面是指事后调查评估与总结，不断地从已发生的生产安全事故中学习，提高应对效率。

一、事故调查处理

（一）制度建设

我国在安全生产方面建立了比较成熟的事故调查制度。《中华人民共和国安全生产法》（2002 年主席令第 70 号）第五章专门对生产安全事故的应急救援与调查处理做出具体明确规定，强调"事故调查处理应当按照实事求是、尊重科学的原则，及时、准确地查清事故原因，查明事故性质和责任,总结事故教训,提出整改措施,并对事故责任者提出处理意见"。

《国务院关于特大安全事故行政责任追究的规定》第十九条规定:"特大安全事故发生后,按照国家有关规定组织调查组对事故进行调查。事故调查工作应当自事故发生之日起60日内完成,并由调查组提出调查报告;遇有特殊情况的,经调查组提出并报国家安全生产监督管理机构批准后,可以适当延长时间。调查报告应当包括依照本规定对有关责任人员追究行政责任或者其他法律责任的意见。""省、自治区、直辖市人民政府应当自调查报告提交之日起30日内,对有关责任人员作出处理决定;必要时,国务院可以对特大安全事故的有关责任人员作出处理决定。"2007年4月9日公布的《生产安全事故报告和调查处理条例》(国务院令第493号),对事故报告、事故调查、事故处理、法律责任做了明确规定,是我国第一部规定突发事件报告和调查处理的专门性行政法规。该条例规定:"事故调查处理应当坚持实事求是、尊重科学的原则,及时、准确地查清事故经过、事故原因和事故损失,查明事故性质,认定事故责任,总结事故教训,提出整改措施,并对事故责任者依法追究责任。"随后,国务院公布的《民用核安全设备监督管理条例》以及《铁路交通事故应急救援和调查处理条例》等其他相关的法律、法规和规章也对突发事件调查制度做了规定。

国家安监总局随后在事故等级划分的补充性规定、条例规定罚款的行政处罚等方面,制定发布了一系列部门规章和规范性文件;国家安监总局、国家煤矿安监局发布了《煤矿事故生产安全事故调查与处理规定》。相关部门相继制定(修订)发布了《道路交通事故处理程序规定》《内河交通事故调查处理规定》《水上交通事故调查结案管理规定》《铁路交通事故调查处理规则》《民用航空器事故和飞行事故征候调查规定》《农业机械事故处理办法》《渔业船舶水上安全事故报告和调查处理规定》《电力安全事故调查处理程序规定》《火灾事故调查规定》《特种设备事故报告和调查处理规定》等部门规章。各省（区、市）政府制定出台了生产安全事故报告和调查处理规定（办法）。一些市（地）级政府还就本地区发生的烟花爆竹非法生产事故、煤矿瞒报事故等的调查处理作出特殊的规定。覆盖全国各地和各行业领域的事故查处规章制度体系逐步健全，把安全生产工作纳入了法治轨道。

2013年11月，国家安监总局对国务院条例贯彻实施6年多来的情况进行了回顾，针对事故查处实际工作中出现的一些问题，发布了《关于生产安全事故调查处理中有关问题的规定》。对生产经营活动这一领域的内涵外延，事故直接经济损失的计算和确定程序，跨行政区域事故的调查处理，事故调查工作方案的内容，事故调查报告的完成时限，事故调查组成员意见不一致时的最终裁决办法，事故报告的批复时限，事故调查报告的全文公布和接受社会监督等，作出了详细的解释和具体规定。

2016年12月9日，《中共中央国务院关于推进安全生产领域改革发展的意见》对完善事故调查处理机制提出明确要求。各地区、各部门要重点加强以下三方面工作。

1. 完善事故调查处理工作机制

首先，完善生产安全事故调查组组长负责制，明确由事故调查组组长主持调查组工作，主要包括组织现场调查和取证，查明事故与救援经过，分析事故原因，认定事故性质，提出相关责任人处理建议，明确整改防范措施，编写并提交事故调查报告等，对于具有争议的问题和事项，组长具有最终的决策权。各参与部门要密切配合，服从工作安排，维护组长权威，认真完成职责范围内的调查处理工作。其次，健全典型事故提级调查、跨地区协同调查和工作督导机制，对于一些案情复杂、性质恶劣、影响重大的事故由上级人民政府组织调查；对于跨地区、跨行业领域的事故，相关政府和部门要加强协同，形成合力；同时，各级安全生产委员会要对辖区内的事故调查处理工作进行监督指导,确保事故调查处理和相关人员责任追究落实到位。最后,建立事故调查分析技术支撑体系,加强侦查取证、检验检测、分析鉴定、模拟仿真等技术支撑机构建设,组建各级各行业领域专家队伍,为事故调查工作提供有力的技术保障。

2. 建立事故调查处理推动安全防范工作的机制

首先,坚持问责与整改并重,重点分析事故背后的政府监管、企业管理、工艺技术、现场管理等方面的原因,研究提出有针对性的具体对策措施,避免同类事故反复发生,实现从问责型向学习型事故调查的转变。其次,严格规范事故调查报告,所有事故调查报告要设立技术和管理问题专篇,详细分析事故原因并全文公开,事故调查组要做好解读,积极回应公众关切,切实起到警示教育作用。最后,建立法律法规标准制定修订机制,结合事故调查工作,分析国内外重特大生产安全事故典型案例,针对法律法规标准暴露出的漏洞和缺陷,及时开展法规标准符合性评价,加快启动制定修订工作。

3. 建立事故暴露问题整改督办制度

一些地区在事故调查结案后,对提出的整改措施跟踪不及时、落实不到位,致使同一地区、同一行业领域甚至同一企业类似事故反复发生。为切实吸取深刻教训、举一反三,强化事故调查处理后的整改落实,必须建立事故暴露问题整改督办制度,即事故结案后一年内,负责事故调查的地方政府和国务院有关部门要及时组织开展评估,对事故问题整改、防范措施落实、相关责任人处理等情况进行专项检查,结果要向社会公开,对于履职不力、整改措施不落实、责任人追究不到位的,要依法依规严肃追究有关单位和人员责任,确保血的教训决不能再用鲜血去验证。

(二) 事故查处原则

1. 对事故"四不放过"原则

1975年2月召开的全国安全生产会议提出:"发生事故,领导干部要亲自处理，并吸收工人参加。要做到'三不放过'：事故原因分析不清不放过；事故责任者和群众没有受到教育不放过；没有防范措施不放过。凡发生死亡事故、重伤事故，有关单位必须向上级作出调查处理的书面报告。"在2000年4月7日国务院召开的"加强安全生产，防范安全事故"电视电话会议上，吴邦国副总理首次提出对事故要做到"四不放过"，即事故原因没有查清不放过，事故责任者没有严肃处理不放过，广大职工没有受到教育不放过，防范措施没有落实不放过。2004年印发的《国务院办公厅关于加强安全工作的紧急通知》，重申了对事故"四不放过"的要求。

事故"四不放过"要求，就是要把事故发生的原因真正分析清楚，既要清楚直接原因和主要原因，也要清楚间接原因和次要原因；要依法依规对事故责任进行追究，对责任者做出严肃处理，起到前车之鉴、警示来者的作用；要针对事故暴露出的问题，举一反三，查找隐患，堵塞漏洞，严防同类事故的再次发生；要使各级领导干部、经营管理人员和从业人员从中受到教育，自觉杜绝违规违章行为。

2. 事故查处"科学严谨、依法依规、实事求是、注重实效"的原则

2002年6月公布的《中华人民共和国安全生产法》规定"事故调查处理应当按照实事求是、尊重科学的原则"。2007年4月颁布的《生产安全事故报告和调查处理条例》重申了这一原则。

3. 事故查处分级负责、逐级挂牌督办

我国于1991年初步建立和实行事故查处分级负责制度。当年5月1日实行的《企业职工伤亡事故告和处理规定》把事故查处分为三个层次进行：重伤事故由企业自行调查处理；死亡事故由企业主管部门会同企业所在地设区的市（或者相当于设区的市一级）劳动部门、公安部门和工会，组成调查组进行查处；重大死亡事故按照企业的隶属关系由省、自治区、直辖市企业主管部门或者国务院有关主管部门，会同同级劳动部门、公安部门、监察部门和工会，组成调查组进行查处。《生产安全事故报告和调查处理条例》规定一般、较大、重大和特别重大4个级别的事故，依次由县、市、省和国家4级安全生产监管部门和相关部门负责查处。同时作出了"提级调查"规定，即"上级人民政府认为必要时，可以调查由下级人民政府负责调查的事故"。

针对事故调查分级负责制度在执行过程中出现的地方保护倾向明显、政府相关部门之间推诿和掣肘严重，以及重错轻责、久拖不决等问题，2010年7月《国务院关于进一步加强企业安全生产工作的通知》建立了事故查处挂牌督办制度。根据该通知要求，各级政府安全生产委员会对下一级政府负责调查处理的事故，可以通过下达通知书、跟踪了解查处工作进度、向社会公示查处情况等方法，实行挂牌督办。依据分级负责的要求，省、市两级政府安全生产委员会分别负责督办较大事故、一般事故的查处工作，国务院安全生产委员会负责督办重大事故查处工作。国务院安全生产委员会随后制定了《重大事故查处挂牌督办办法》，规定了督办的程序、内容和要求。规定省级政府要在接到挂牌督办通知的60日内完成督办事项，在此期间要加强与国务院安全生产委员会办公室的沟通汇报，接受国务院安全生产委员会办公室的指导、协调和督促；在事故调查报告形成初稿后，省安全生产委员会应当及时向国务院安全生产委员会办公室作出书面报告，经审核同意后再由省级政府作出批复决定；查处结案后，应将相关情况在政府网站上予以公告，接受社会监督；承担事故查处工作责任的省级政府有关职能部门对督办事项无故拖延、敷衍塞责或弄虚作假的，要依法追究其责任。鉴于非法违法事故多发，2011年4月国务院安全生产委员会办公室制定了《非法违法较大生产安全事故查处跟踪督办暂行办法》，要求各省级政府对无证无照、证照不全等非法违法行为所引发的一次死亡3—9人较大事故的查处，实行挂牌督办；国务院安全生产委员会办公室实行跟踪督办。2014年初，国家安监总局提出进一步加强对较大事故查处的督促指导，要求各省按照大约 1/10 的比例选择性质恶劣、影响严重的较大事故，依法实行提级查处，并提交国务院安全生产委员会办公室予以督办，也即由省级政府安全生产委员会直接进行调查处理，并将查处工作过程及结果自觉置于国务院安全生产委员会的严格监督、及时指导之下。

（三）事件问责

在 2003 年之前，我国《国务院关于特大安全事故行政责任追究的规定》（2001 年国务院令第 302 号）、《党政领导干部选拔任用工作暂行条例》《党政领导干部选拔任用工作条例》《中国共产党党内监督条例（试行）》《地方党政领导干部安全生产责任制规定》等党政相关法律法规和制度，对突发事件应对过程中党政领导干部失职、渎职等行为作出处理规定。2009 年 7 月，中共中央办公厅、国务院办公厅印发《关于实行党政领导干部问责的暂行规定》，这是自 2003 年"非典"时期全面启动问责制以来，党中央出台的关于"党政领导干部问责"相对完善的文件规定。该规定明确了对党政领导干部实行问责的 7 种情形和 5 种问责方式，对党政领导干部因对群体性、突发性事件处置失当，导致事态恶化，造成恶劣影响的实行问责，从而使调查评估和责任追究变得更加制度化和规范化。针对问题高官复出等公众关心的问题，2010 年 4 月，中共中央办公厅印发的《党政领导干部选拔任用工作责任追究办法（试行）》，规定引咎辞职和受到责令辞职、免职处理的，一年内不得重新担任与其原任职务相当的领导职务，两年内不得提拔。2018 年，中办、国办印发的《地方党政领导干部安全生产责任制规定》第五章责任追究规定了应当问责的情形和方式，明确指出地方党政领导干部对发生生产安全事故负有领导责任且失职失责性质恶劣、后果严重的，不论是否已调离转岗、提拔或者退休，都应当严格追究其责任。

2015 年 8 月 12 日，天津港"8·12"瑞海公司危险品仓库特别重大火灾爆炸事故，根据事故原因调查和事故责任认定结果，国务院调查组另对123名责任人员提出了处理意见，建议对74名责任人员给予党纪政纪处分，其中省部级5人、厅局级22人、县处级以下47人。2015年12月20日，深圳"12·20"特别重大滑坡事故调查处理中，深圳市原副市长和光明新区原党工委书记虽然在事发时已离任，但由于在任时对事故的发生负有责任，仍需依法依规追究其责任。

二、事故评估

（一）事故损失的评估

生产安全事故损失的评估，是对生产安全事故所造成的物质、经济等财产损失、人身损害等损失的评估。《中华人民共和国突发事件应对法》规定对"突发事件造成的损失进行评估"。《生产安全事故报告和调查处理条例》要求"及时、准确地查清事故经过、事故原因和事故损失"。

1. 物质、经济等财产损失，包括公私财物的直接损失、间接损失和附带损失

《火灾统计管理规定》将火灾损失分为直接财产损失和间接财产损失两项统计。

2. 人身损害

可分为三种情形，分别进行确定：①一般伤害，即自然人的身体、健康受到伤害，但通过治疗可以康复。其损失应包括医疗费和因误工而减少的收入。②人身伤残，即由于事故及其应对措施对人身造成伤害，经治疗不能康复而丧失部分或全部劳动能力，其损失包括"一般伤害"中的内容，还包括生活补助费，以及其实际抚养且没有其他收入来源人的必要生活费用。③死亡的，损失范围还包括丧葬费等内容。

3. 精神损失与心理损伤

我国现行立法已逐步承认精神损失构成应予赔偿的损失。例如，

《北京市实施〈突发事件应对法〉办法》第六条已明确规定"市和区、县人民政府及其部门在突发事件应对工作中,应当组织开展心理咨询、抚慰等心理危机干预工作"。在突发事件事后损失评估中,精神损失与心理损伤应被计算在内。

4. 其他

事故及其应对由于自身特殊性,其损失评估还有一些特有的内容。如进行救援、安置人员的费用,各种设备设施紧急抢修工作的费用,宏观层面的经济、环境方面的损失等。

(二)事后评估、总结机制

对各种生产安全事故进行评估分析,对应急管理行为进行调查评估是我国应急管理工作的一项重要内容,总结和吸取应急处置经验教训,不断提高生产安全事故应急处置能力,持续改进应急准备工作。自2005年以来,我国从中央到地方都要组织对各类突发事件及其应对工作进行评估分析,作为全国应急管理工作的指导和依据。在国家层面,由国务院应急办会同公安部、民政部、卫生部和国家安全监管总局,对全国各年突发事件应对工作进行分析评估,形成评估报告。自2007年11月1日起施行的《中华人民共和国突发事件应对法》第五条规定:"突发事件应对工作实行预防为主、预防与应急相结合的原则。国家建立重大突发事件风险评估体系,对可能发生的突发事件进行综合性评估,减少重大突发事件的发生,最大限度地减轻重大突发事件的影响。"2018年颁布实施的《生产安全事故应急条例》第二十七条规定:"按照国家有关规定成立的生产安全事故调查组应当对应急救援工作进行评估,并在事故调查报告中作出评估结论。"《生产安全事故应急处置评估暂行办法》对除环境污染事故、核设施事故、国防科研生产事故以外的各类生产安全事故的应急处置评估工作进行了规范,明确"国家安全生产监督管理总局指导和监督全国生产安全事故应急处置评估工作。县级以上地方各级人民政府安全生产监督管理部门指导和监督本行政区域内生产安全事故应急处置评估工作"。"国务院和县级以上地方各级人民政府成立或授权、委托成立的事故调查组（以下统称事故调查组），分级负责所调查事故的应急处置评估工作。上级人民政府安全监管监察部门认为必要时，可以派出工作组协助下级人民政府事故调查组进行应急处置评估。"

2015年8月12日，天津港"8·12"瑞海公司危险品仓库特别重大火灾爆炸事故，造成165人遇难（参与救援处置的公安现役消防人员24人、天津港消防人员75人、公安民警11人，事故企业、周边企业员工和周边居民55人），8人失踪（天津港消防人员5人，周边企业员工、天津港消防人员家属3人），798人受伤住院治疗（伤情重及较重的伤员58人、轻伤员740人）；304幢建筑物（其中办公楼宇、厂房及仓库等单位建筑73幢，居民1类住宅91幢、2类住宅129幢、居民公寓11幢）、12428辆商品汽车、7533个集装箱受损。截至2015年12月10日，事故调查组依据《企业职工伤亡事故经济损失统计标准》（GB 6721—1986）等标准和规定统计，已核定直接经济损失68.66亿元人民币，其他损失尚需最终核定。

2016年11月24日，江西丰城发电厂"11·24"冷却塔施工平台坍塌特别重大事故，导致73人死亡（其中70名筒壁作业人员、3名设备操作人员），2名在7号冷却塔底部作业的工人受伤，7号冷却塔部分已完工工程受损。依据《企业职工伤亡事故经济损失统计标准》（GB 6721—1986）等标准和规定统计，核定事故造成直接经济损失为10197.2万元。

参考文献

[1] 黄毅．构建新时代安全生产综合治理体系［M］．北京：煤炭工业出版社，2019．

[2] 王宏伟．新时代应急管理通论［M］．北京：煤炭工业出版社，2019．

[3] 赵正宏．应急救援预案编制与演练［M］．北京：中国石化出版社有限公司，2019．

[4] 朱义长．中国安全生产史（1949—2015）［M］．北京：煤炭工业出版社，2017．

[5] 中共中央党校（国家行政学院）应急管理培训中心．应急管理典型案例研究报告（2018）［M］．北京：社会科学文献出版社，2018．

[6] 国家安全生产监督管理总局办公厅编写组．《中共中央国务院关于推进安全生产领域改革发展的意见》学习读本［M］．北京：煤炭工业出版社，2016．

[7] 应急管理部信息研究院．应急管理法律法规选编［M］．北京：煤炭工业出版社，2019．

[8] 孙华山．安全生产风险管理［M］．北京：化学工业出版社，2007．

[9] 刘新立．风险管理［M］．北京：北京大学出版社，2006．

[10] 李德洁．推行安责险须处理好"四个关系"［J］．中国安全生产，2018（9）：36－38．

[11] 李萌，彭启民．中国城市安全评论［M］．北京：社会科学

出版社，2014.

[12] 中国智能城市建设与推进战略研究项目组. 中国智能城市安全发展战略研究 [M]. 杭州：浙江大学出版社，2016.

[13] 孙建平，秦宝华. 城市安全风险防控概论 [M]. 上海：同济大学出版社，2018.

[14] 国家安全生产监督管理总局安全发展战略研究课题组. 安全发展示范城市建设理论与实践 [M]. 北京：中国环境出版社，2014.

[15] 国家安全生产监督管理总局. 安全生产"十三五"规划辅导读本 [M]. 北京：当代中国出版社，2017.

[16] 中国安全生产科学研究院. 中国安全生产60年 [M]. 北京：中国劳动社会保障出版社，2009.